190道餐桌上的變化幸福味

阿芳的家庭料理筆記

蔡季芳——著

蔡季芳（阿芳老師）

愛做菜的家庭主婦，婆婆媽媽、煮婦煮夫、手做愛好者耳熟能詳的達人，健康美食節目常駐講師。

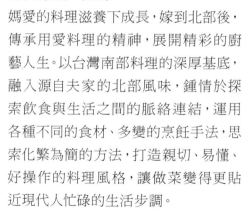

阿芳來自台南的大家庭，在媽媽愛的料理滋養下成長，嫁到北部後，傳承用愛料理的精神，展開精彩的廚藝人生。以台灣南部料理的深厚基底，融入源自夫家的北部風味，鍾情於探索飲食與生活之間的脈絡連結，運用各種不同的食材、多變的烹飪手法，思索化繁為簡的方法，打造親切、易懂、好操作的料理風格，讓做菜變得更貼近現代人忙碌的生活步調。

阿芳本著樂天與樂於分享的性格，在臉書粉絲團分享做菜、旅遊、生活大小事，透過直播與各地喜歡手做的朋友交流。著有多本暢銷書，《媽媽的早餐店》、《媽媽的小吃店》、《媽媽的私房味》、《阿芳的新三杯麵粉》已是數十萬手做者的最佳工具書。

近年來阿芳積極投入為本地農業盡一份心力，勤跑產地帶粉絲們直擊農民勞做現場，希望讓生產者與消費者都能共益，收獲最真心與最好的食材。

與另一半劉爸攜手同伴品嚐各地不同的風味，以旅行感受世界的精彩，兩人將日子過得豐富、歲月活得長青，勇於嘗試各種事物，經營的Youtube頻道更在短時間內獲得白金認證。

看阿芳快樂上菜　FB搜尋 🔍 蔡季芳（阿芳老師）

看劉爸認真樂活　YouTube搜尋 🔍 劉爸阿芳真愛煮

把阿芳的作業本交到各位手中

《阿芳的手做筆記》和《阿芳的家庭料理筆記》兩本書，代表的是2020、2021這兩個疫情年，阿芳的廚房人生。

還記得2020年疫情剛蔓延開來時，阿芳的一個電視節目暫停錄影兩個月，生活步調得以稍微放鬆，那時候每天到了做晚餐的時間，阿芳就會開啟「職業婦女做晚餐」的直播，只是當時並沒有想到要把這些家庭實用的料理做成紀錄。

時間來到2021年，世界各地都像是在打戰一樣，人們的生活翻天覆地，而對阿芳來說，最大的不同就是原本忙碌的節奏瞬間減速，不需要看時間出門，每天在家裡像小孩放暑假一樣開心。防疫在家三個月的時間，除了少量沒有取消的工作，阿芳把大部分的心力都投入協助農業推廣，但也能夠輕鬆

做個全職家庭煮婦，連幫孫子用紙箱做恐龍都成了生活亮點——這些對阿芳來說真的是很珍貴的時光。

輕鬆快樂，不一定是空白沒有色彩。「分秒不空過，步步踏實做」，是阿芳跟劉爸的生活理念。三級警戒的第一個星期，阿芳在社團推出「防疫自煮同樂會」，同時也為自己安排了功課：當時不知道會有多長的時間關在家中，但我的目標是把還沒有收錄在書中的食譜整理好，同時把「職業婦女做晚餐」加上「防疫自煮」這段時間所做的家庭料理，整理成一本輕鬆好用的筆記書。

只不過這個功課如此巨大，代表阿芳需要把這兩年的廚房生活重新再過一次。首先，整理文稿就是一個大工程，還好女兒豬妹貼心當媽媽的後援，

我負責寫、她負責轉檔整理。更特別的是，人際往來停擺，專業攝影師無法到家裡拍攝，所以攝影師就是阿芳本人，影片拍攝就是劉爸。我們一家人防疫在家，努力做著這件事，阿芳的目標因為疫情而點點滴滴實現了。

但是書稿尚未整理完成，疫情降級了，在很短的時間內，阿芳的工作回到緊湊的常軌，每天忙忙碌碌，阿芳心裡卻壓著一塊超大的石頭，就像暑假結束快開學了，功課卻還沒寫完似的，心慌慌不知道該怎麼辦。

還好趁著中秋連假空檔，阿芳一口氣把所有文字整理好，再硬下心，停下所有外場工作，用五天的時間，把缺少的圖片補齊。拍攝到第三天，身體上的疲累無可言喻，但是心上的壓力漸漸放下。

此刻，廚房裡的學霸阿芳，把自己訂下的功課，一步步認真寫完也做完了。現在阿芳把作業本交到各位手中，希望你們見證我、劉爸、豬妹和身邊寶貝們的努力，也但願這本筆記有助於在廚房中摸索和用心的你們！

職業婦女做晚餐，餐桌菜單的拉霸學

如果你看過阿芳餵家裡的毛小孩吃飯，就能看出喵媽的特質。我家阿肥最特別，不乖乖吃放在盤裡的食物，喜歡現開的罐罐，還要切塊，甚至會挑食，不喜歡常吃相同口味，所以阿芳拿罐罐就像在抽獎，卻也能夠摸索出一套方式，讓阿肥盡量把食物吃完，還可以透過罐頭顏色變化幫他調整口味；家裡其他喵兒沒那麼挑食，但阿芳也懂得他們的喜好，加總起來，就是一套喵兒的伙食學。這就是媽媽的做法，不用特別記，透過日常觀察，就能摸清楚家人的飲食喜好，這種特質是家庭料理中，千金難買的調味料。

阿芳煮飯的思考邏輯，會先想想今天要煮什麼湯，接著決定劉爸偏好的肉料理，以及阿芳喜歡的水產類，配個蛋或豆類製品的變化，再來兩樣蔬食，五菜一湯的結構就是阿芳家日常餐桌的配套。

至於菜色的變化，阿芳會避免同一種食材在短時間內用同一種做法，所以在這本書中，阿芳根據營養需求把食材分為肉、水產、蛋、豆類、蔬果類，加上湯品就有六大項，隨著季節還有不同特色的食材，自然就有不同變化。

阿芳想以拉霸機的概念，教大家變化搭配六大類主食──橫向、直向的交錯選擇，煮飯的雙手配上用心細膩的腦袋思維，媽媽就是一台最神奇的餐桌拉霸機。若再加上媽媽對家人飲食觀察的敏銳功夫，阿芳要說，這家人幸福了！

來吧，打開書，找一點靈感，從食譜變化中，做一些微調、多一點創意，你家餐桌上的菜色，就會跟拉霸機裡的圖案一樣有千變萬化的組合與驚喜。

讓家人健康不挑食——蔬菜類

吃的是幸福也是感動──

水產類

打造基礎營養——

蛋類

醬油糖荷包蛋

┃材　料

雞蛋4-5個、水3大匙

┃調味料

醬油2大匙、糖1大匙

┃做　法

1. 平底鍋加熱，再加入少許油先溫熱。蛋打在碗中，倒入平底鍋。

2. 將蛋煎至蛋白層定型。

3. 以木鍋鏟由蛋黃靠邊處對翻，即成荷包狀；亦可用熱油淋煎成單面蛋包。

4. 煎至喜好軟度即可盛盤，將蛋依序煎好。

5. 原鍋下醬油、糖煮出焦香味，再下少許水稀釋煮開成醬汁，淋在荷包蛋上即成。

煎蛋小技巧

記得一定要熱鍋溫油再下蛋。翻面時，阿芳採取不倒翁的原理，由重心（蛋黃）的地方推翻過去，蛋黃就不容易弄破，蛋白托著蛋黃加熱，會形成膨軟的質地。

土匪蛋

材 料

雞蛋4-5個、乾辣椒1小把、薑片丁2大匙、蒜末1大匙、脆花生3大匙

調味料

醬油2大匙、魚露1大匙、烏醋2大匙、水2大匙

做 法

1. 鍋子燒熱放入油，加熱後先關火降溫2分鐘，利用降溫時間把調味料調勻成醬汁。

2. 重新開火，把蛋入鍋煎成外焦內嫩的荷包蛋，一一取出。

3. 乾辣椒用水快速沖洗，利用鍋底少許油慢慢炒出椒香味，加入薑片、蒜末爆香，醬汁下鍋快速炒至沸騰，放入荷包蛋燴煮一下，再加入脆花生即可盛盤。

剝皮辣椒燒蛋

材 料

雞蛋4-5個、剝皮辣椒4-5根、嫩薑絲1小撮

調味料

剝皮辣椒醬汁3大匙、醬油1大匙、白芝麻油1小匙

做 法

1. 蛋入鍋用油煎成荷包蛋取出。

2. 剝皮辣椒切小片，加上薑絲入鍋用鍋底油快速翻炒，加入調味料煮滾後，把蛋包放入燴煮一下即可盛盤。

保溫杯溫泉蛋

材　料
雞蛋3個、500CC真空斷熱保溫杯1個、
滾水適量

調味料
日式柴魚醬油少許

做　法
1. 雞蛋洗淨。
2. 滾水沖入保溫杯先溫杯，再倒出重新煮開。
3. 雞蛋放入杯中，重新把滾水沖入，蓋上杯蓋放置20分鐘後取出蛋。
4. 把蛋打在碗中，淋上少許柴魚醬油即可食用。
5. 亦可把做好的溫泉蛋放涼後入冰箱保存，以冰涼方式食用別有風味。

海苔蛋捲

材　料
雞蛋4個、壽司海苔片1張

調味料
鹽1/4小匙、白胡椒粉適量

做　法
1. 蛋打在大碗中，鹽以手捏散撒入蛋液中，加入白胡椒粉一起攪打幾下。
2. 平底鍋熱鍋，加入2大匙油潤鍋，再倒入蛋液。
3. 趁蛋汁未全熟，鋪上海苔片。
4. 快手以兩支鍋鏟將蛋皮由一邊連續翻捲成長型蛋捲。
5. 生蛋液往前傾，蛋捲往後拉，順勢翻捲煎成長條狀，外表略煎出香氣即可熄火盛出。略放涼，斜刀切片即成。

菜脯蛋

材　料
菜脯碎半杯、雞蛋3個、蔥花2根

調味料
白胡椒粉適量

做　法
1. 菜脯以1杯水略泡10分鐘，用水略沖去除鹹味，以手擰乾水分。
2. 菜脯入炒鍋乾炒出香氣，加入白胡椒粉。
3. 蛋打入碗中，加入蔥花及炒好的菜脯拌勻。
4. 原鍋加3大匙油熱鍋，蛋液倒入鍋中，以筷子或炒杓在厚底部分劃圈，將底部煎熟的蛋和蛋液攪勻，煎至整面蛋片成型。
5. 以盤子蓋鍋輔助翻面，續煎另一面至蛋片金黃香酥，即可滑鍋盛盤。

九層塔烘蛋

材　料
九層塔1把、雞蛋3個、沙拉醬1大匙

調味料
鹽1/4小匙、白胡椒粉適量

做　法
1. 九層塔摘下葉子，以刀切成粗段。
2. 葉段放在大碗中，撒上鹽、胡椒粉、沙拉醬拌勻，再將蛋加入一起打勻。
3. 炒鍋熱鍋，加入2大匙油熱油潤鍋，倒入蛋液，推成圓蛋餅狀，改小火加蓋略烘2分鐘。
4. 開鍋蛋熟會鼓脹，以盤子蓋鍋輔助翻面，再蓋鍋以小火烘2分鐘，即可滑鍋盛盤。

肉燥蒸蛋

材　料
雞蛋3個、熱水1杯半、肉燥3大匙

調味料
鹽1/4小匙、米酒1大匙

做　法

1. 蛋打在碗中攪拌。

2. 熱水加入調味料調成高湯，將熱高湯邊沖邊攪倒入蛋碗中。

3. 用網子過濾蛋液於碗中。

4. 以紙巾貼在蛋液表面，拖走氣泡。

5. 將碗移入沸騰蒸鍋，蓋上一個盤子，以大火蒸1分鐘，改小火續蒸8-10分鐘。開鍋取出，將肉燥淋在蒸蛋上即成。

聰明蒸蛋公式＝1顆蛋：半杯水

蒸蛋要有美味口感，重點在於沒有小細孔，吃起來滑嫩不粗糙，所以記得一定要先過濾蛋汁，去除氣泡。火候控制也很重要，蒸鍋大火蒸1分鐘後，馬上改成小火；多蓋個盤子可以預防蒸蛋不會被過強的火力給蒸老了。

蛤蜊茶碗蒸

材 料
蛤蜊半斤、雞蛋3個、熱水1杯半

調味料
鹽1/4小匙、米霖1大匙

做 法

1. 蛤蜊以鹽水浸泡吐沙後洗淨,分別各放4-5個在杯碗中。

2. 熱水加調味料調成高湯。

3. 蛋打在大碗中,邊沖邊攪倒入熱高湯,攪打成蛋液。

4. 將蛋汁用網子過濾後,再倒入杯碗中,上方蓋上鋁箔紙。

5. 將杯碗排入傳統電鍋中,外鍋放1/4杯水,電鍋蓋不要完全蓋緊,稍微留一小口出氣,蒸至電鍋跳起即成。

電鍋蒸蛋祕訣:鍋蓋架筷子

選擇以電鍋蒸蛋時,鍋蓋不要蓋密合,在鍋蓋邊架一根筷子,洩漏一個小出氣孔,因為電鍋不像瓦斯爐可以調整火力,太強的火力會把蛋蒸成蜂巢狀、蒸老了,預留出氣口可以洩壓、減低溫度,概念就像瓦斯爐的小火。

蔥花蛋

| 材　料

雞蛋3個、青蔥3根

| 調味料

鹽、白胡椒粉適量

| 做　法

1. 青蔥切粗蔥花,加鹽拌勻,再將蛋打入。

2. 蔥蛋液加入白胡椒粉,快速打勻。

3. 鍋中加入2大匙油加熱,倒入蔥蛋液,以筷子或炒杓在厚底部分劃圈,將底部煎熟的蛋和蛋液攪勻。

4. 將蛋煎成金黃的蛋片狀即可呈盤。

三杯蔥蛋

| 材　料

雞蛋3個、麵粉2大匙、水3大匙、青蔥花1/2杯、鴻喜菇1盒、蒜片2大匙、薑片丁3大匙、辣椒段少許、九層塔1大把

| 調味料

胡麻油2大匙、醬油1大匙、魚露1小匙、米酒2大匙、糖2小匙

| 做　法

1. 麵粉加水調成麵糊再加入雞蛋、青蔥花,拌打均勻入鍋煎成蔥蛋餅,切成塊狀先出鍋。

2. 在原鍋裡下摘小串的鴻喜菇,乾鍋翻炒變軟取出鍋。

3. 用胡麻油爆香薑蒜辣椒,下調味料炒出香味,加入蛋片、鴻喜菇、九層塔翻炒均勻即成。

番茄炒蛋

材　料

番茄2粒、雞蛋3個、蔥1根、水1杯、太白粉水適量

調味料

鹽1/2小匙、糖1小匙、白芝麻油1小匙

做　法

1. 青蔥切蔥花，番茄切丁塊，蛋打散。

2. 鍋熱下2大匙油潤鍋，下蛋汁推炒至七分熟，滑蛋盛起。

3. 以鍋中餘油下番茄丁翻炒，加入水，加蓋煮3-4分鐘。

4. 開蓋以鹽、糖調味，用太白粉水炒出芡汁，加入滑蛋炒至蛋熟，淋上香油，盛盤撒上蔥花。

塔塔蛋地瓜

材　料

蒸熟地瓜2-3條、水煮蛋2個、冰鎮洋蔥丁2-3大匙、酸黃瓜丁3大匙、美乃滋2大匙、芥末醬少許

調味料

鹽、白胡椒粉各少許

做　法

1. 帶皮熟地瓜對切排盤冰涼。

2. 水煮蛋切成碎丁，撒上鹽及白胡椒，加上美乃滋拌成泥狀，再拌上芥末醬、洋蔥丁、酸黃瓜丁，即為塔塔醬。

3. 把塔塔醬填在地瓜上一起食用。

營養好搭配

地瓜為主食，搭配蛋白質、膳食纖維、油脂一起調出的塔塔醬，成為飲食結構很均衡又有風味的輕主食。

三色蛋

▌材　料

皮蛋3個、鹹鴨蛋2個、雞蛋3個、水2大匙

▌模　型

面紙盒1個
玻璃紙1張

▌調味料

白胡椒粉少許

▌做　法

1. 將面紙盒自1/4處剪下，修成長方型，並墊入玻璃紙。

2. 皮蛋剝殼一切為四；鹹蛋先敲破殼，以刀從破殼處切成兩半，用湯匙挖出鹹蛋，再切成大塊。

3. 雞蛋打在大碗中，加入白胡椒粉打勻。

4. 將皮蛋丁、鹹蛋丁倒入蛋液中拌勻，再倒入模型中。

5. 模型排入傳統電鍋中，上面蓋一層鋁箔紙，外鍋放1/4杯水，電鍋蓋稍留一小口出氣，蒸至電鍋跳起，取出放涼。脫模後切片食用。

環保模型自己做

三色蛋的形狀要靠模型，市售鋁盒模型用一次就丟有點浪費，在家製作時可用面紙盒及玻璃紙代替。用完的面紙盒加上文具店就可以買到的玻璃紙，做成簡易模型，環保又方便。

平價美味——

豆類製品

肉鬆皮蛋豆腐

材 料
嫩豆腐1盒、皮蛋2個、肉鬆3大匙、蒜末1大匙、冷開水2大匙、蔥花適量、辣椒圈3-4大匙

調味料
醬油膏4大匙、糖1大匙、香油1大匙

做 法
1. 豆腐從盒底切開，將豆腐倒出，切成方丁放在深盤中。
2. 皮蛋剝殼切丁塊，放在豆腐上，入冰箱冷藏20分鐘。
3. 蒜末加冷開水調成蒜水，加上調味料及少許蔥花調成醬汁。
4. 食用時取出皮蛋豆腐，倒去盤底水分，淋上醬汁，再撒上肉鬆及新鮮蔥花、辣椒圈即成。

麻婆豆腐

材 料
家常豆腐1盒、絞肉2兩、蒜仁3粒、花椒粉1/4小匙、水1杯、太白粉水適量、青蔥1根

調味料
醬油2大匙、辣豆瓣醬2大匙

做 法
1. 青蔥切蔥花，蒜仁拍成粗末，豆腐切丁。
2. 熱鍋加3大匙油，爆香蒜末，加入絞肉炒散，調入調味料，炒出香氣。
3. 加入水及豆腐丁一起煮滾，改中火再多煮3分鐘。
4. 加入太白粉水，以推煮的方式炒出濃芡狀。
5. 熄火前加入花椒粉，盛盤後趁熱撒上蔥花。

薑燒老皮嫩肉

▌材　料

雞蛋豆腐1盒、薑絲1小撮、水1/4杯

▌調味料

醬油1.5大匙、糖2小匙

▌做　法

1. 雞蛋豆腐切塊，用紙巾吸乾水分，以少許油煎至表面產生焦皮狀。

2. 加入調味料和水一起煮滾，投入薑絲翻撥幾下即可盛盤。

和風炸豆腐

▌材　料

雞蛋豆腐1盒、白蘿蔔1段、玉米粉2大匙、在來米粉2大匙、青蔥花1大匙、柴魚片1包、水2杯

▌調味料

醬油1大匙、米霖1大匙、鹽1/4小匙

▌做　法

1. 白蘿蔔磨成泥，豆腐切方塊，玉米粉、在來米粉在盤中混合。

2. 豆腐裹上粉，排在盤邊略放2分鐘。

3. 柴魚片放在大碗中，水加調味料煮滾沖入柴魚片中蓋燜3分鐘，再過濾出柴魚片。

4. 豆腐入油鍋炸至表皮金黃鼓脹，改大火升高油溫後撈出。

5. 將炸豆腐放入湯碗中，放上一撮蘿蔔泥，撒上蔥花，淋上熱高湯趁熱食用。

芹菜魷魚炒豆干

材　料

鹽發魷魚1/2條、豆干5-6塊、芹菜段1小把、青蔥段1小把、蒜末1大匙、紅辣椒末少許

調味料

鹽少許、醬油膏適量、米酒少許

做　法

1. 不沾鍋中熱少許油,把切條的魷魚加少許鹽放入先炒出水分,再繼續炒出香味即可盛出。

2. 原鍋擦乾淨,加入少許油炒豆干至外表產生焦色,下辣椒、蒜末一起炒香,加入醬油膏、米酒炒至豆干入味,加入芹菜、蔥段一起炒勻至變翠綠色,再把魷魚加入拌炒出熱氣即成。

清蒸臭豆腐

材　料

A. 臭豆腐3-4塊、蒜末1大匙、薑末1大匙、香菇3-4朵、蝦米2大匙、絞肉2-3大匙、水或高湯1杯、香菜末少許

B. 冷凍毛豆仁3大匙

調味料

白芝麻油2大匙、魚露1.5大匙、醬油1大匙、辣椒醬隨意

做　法

1. 豆腐洗淨放在深盤中,香菇泡軟切絲,蝦米泡軟切碎,各項配料切備妥當。

2. 白芝麻油爆香蒜末、薑末,蝦米炒香,再下香菇炒香,加調味料炒出香味,加入香菇水及清水一起煮滾,調出有鹹味口感的湯底。

3. 把湯汁淋在臭豆腐上面,移入蒸鍋以旺火蒸15-20分鐘,最後2分鐘加入冷凍毛豆仁,出鍋後加上少許白芝麻油、香菜末。

涼拌干絲

材　料

干絲半斤、紅蘿蔔絲1小撮、芹菜段1把、蒜末2大匙、小蘇打粉1/2小匙、油1大匙

調味料

雞粉2小匙、鹽1/2小匙、白芝麻油4大匙

做　法

1. 燒開一鍋水，紅蘿蔔絲放入燙熟，再投入芹菜段立刻撈起。

2. 原鍋水中加入小蘇打粉、油及剪段的干絲，快速煮全沸騰，撈出干絲以冷開水快沖一次瀝乾。

3. 盆中放入蒜末和調味料一起調勻，加入紅蘿蔔絲、芹菜段及干絲一起拌勻即成。

辣椒醬油佐香煎豆包

材　料

生豆包4片、蒜末1小匙、紅辣椒末1大匙、香菜末3大匙

調味料

A. 醬油2大匙、白醋1大匙、白芝麻油1小匙

B. 花椒粉或胡椒粉適量

做　法

1. 蒜末、辣椒加上A調味料先調成辣椒醬油，再倒入裝好香菜末的小碗中，調勻成沾醬。

2. 豆包放入鍋中用油慢慢煎至金黃蓬鬆，趁熱撒上花椒粉或胡椒粉，取出排盤，搭配沾醬食用。

香煎木棉豆腐

▎材 料

板豆腐（木棉豆腐）2塊

▎調味料

辣椒醬、醬油各少許

▎做 法

1. 豆腐切片擦乾水分，放入鍋中用油煎至表皮金黃香酥，盛起排盤。

2. 辣椒醬加上醬油搭配香煎豆腐沾食。

秋葵胡麻豆腐

▎材 料

板豆腐1盒、秋葵6-8根、薑泥1小匙、白芝麻醬1大匙、冷開水2大匙、炒香白芝麻少許

▎調味料

鹽和糖少許、白醋1小匙、醬油2大匙

▎做 法

1. 燒開2杯水，放入秋葵汆燙取出，以冷開水沖洗，冰鎮備用。

2. 豆腐放入鍋中加少量鹽一起煮滾，瀝乾水分壓成豆腐泥。

3. 白芝麻醬加入2大匙冷開水調稀，薑泥加上醬油、糖、白醋調勻成醬汁，炒香白芝麻用湯匙壓破提香。

4. 秋葵切成小星星片放在碗中，用筷子攪拌產生黏稠感。

5. 豆腐泥裝在小碗，淋上白芝麻醬、放上秋葵，淋上薑汁醬油，撒上炒香白芝麻即成。

脂渣滷豆腐

材　料

傳統板豆腐4塊、豬油丁1杯、蒜仁8粒、水3杯

調味料

醬油1/2杯

做　法

1. 蒜仁切成大粒狀,板豆腐切大塊。

2. 豬油丁入鍋以慢火炸出豬油,至油渣變金黃,加入蒜丁炒香熄火。

3. 將蒜丁帶豬油倒入小湯鍋,放入豆腐,淋入醬油,再添水淹平豆腐。

4. 以中火煮至沸騰熄火,浸泡半天,使豆腐入味。

5. 食用時再加熱沸騰,盛碟時除豆腐塊,尚上油渣丁及醬湯帶味。

肉燥滷味

材　料

肉燥約半鍋(做法見P.34)、水煮鴨蛋6-8個、三角油豆腐和火鍋豆皮卷各適量、水約1杯、香菜末少許

調味料

醬油適量

做　法

1. 水煮鴨蛋加入肉燥中,一起煮至沸騰,改小火多煮5分鐘,熄火燜泡一夜即為滷蛋。

2. 肉燥滷蛋鍋重新加熱,加水稀釋並以醬油調整鹹味。

3. 油豆腐和豆皮卷以熱水沖泡燙去油分。

4. 油豆腐、豆皮卷放入肉燥鍋以小火滷煮20分鐘,食用時盛盤,撒上香菜。

酸菜手拆麵腸

材料
麵腸2-3根、酸菜2-3葉、薑2小段、紅辣椒1根（不用亦可）

調味料
鹽少許、糖微量、白芝麻油1大匙

做法
1. 麵腸用手撥成片狀，改刀切條再切成小段；酸菜用冷開水略泡透吐鹹，擰乾切成碎丁狀；薑用刀面拍破，再改刀切成碎薑末；辣椒視個人喜好切成小圈，不用亦可。
2. 麵腸入鍋以少許油翻炒收乾水分，加調味料翻炒入味，再下酸菜末翻炒出香氣，最後加入薑末、辣椒、白芝麻油炒到乾鬆飄香即成。

木耳炒麵腸

材料
麵腸2條、黑木耳片2片、薑絲1小撮、水2/3杯

調味料
醬油2大匙、糖2小匙、鹽少許、白芝麻油1大匙

做法
1. 麵腸切成條狀，木耳切條狀。
2. 不沾鍋加入少許油，放入麵腸炒至表面微上色，加入醬油及糖翻炒出香味，加入水、木耳翻炒幾下，加蓋略燜2分鐘。
3. 開鍋先試味，可用鹽調味，再下薑絲、白芝麻油炒出香味及亮度即可熄火盛盤。

口齒留香好滋味——肉類

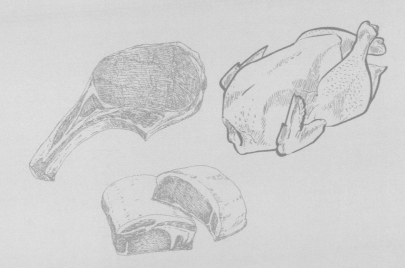

家傳肉燥

│ 材　料
絞肉1斤、油蔥酥1杯、油4大匙、水4杯

│ 調味料
醬油1杯

│ 做　法
1. 炒鍋熱鍋，放入油，加入絞肉炒至肉色翻白。
2. 沿鍋邊倒入醬油繼續翻炒。
3. 至醬油汁完全沸騰，即可加入油蔥酥，並倒入水蓋鍋煮滾，改小火煮20分鐘，即成肉燥。

醬油煮沸是關鍵
煮肉燥的熱鍋中有絞肉炒出的豬油和不加一滴水的醬油，煮滾時產生的香氣是肉燥濃香的祕訣；切記，水若太早加，香味會出不來。

五花滷肉

│ 材　料
五花肉或帶皮胛心肉1斤、青蔥3根、水1/2杯

│ 調味料
醬油1/4杯、米酒1/2杯

│ 做　法
1. 五花肉切塊，青蔥切長段。
2. 將五花肉塊入炒鍋炒至肉色變白，再加入醬油及米酒，炒至醬油汁完全沸騰。
3. 在肉面上放上蔥段，加水煮至沸騰，改小火燉煮30分鐘即成。未食用部分，以肉、湯分離的方式冷藏或冷凍保存。

保存蔥段香氣
蔥段蓬鬆富水分，滷了之後會變得糊爛，放在肉面上，透過蒸氣讓香氣回流滲透到肉裡，可避免蔥段糊爛影響風味口感，香氣也更足。

小家庭方便爌肉

▌材　料
五花肉1斤、青蔥2-3根、水約1又1/3杯

▌調味料
醬油1/3杯、米酒1/2杯

▌做　法
1. 五花肉切片狀，入鍋用少許油煎熟，皮面以釋出的油脂再多炸一下，取出排入不銹鋼保鮮盒中。
2. 蔥放入鍋中炒香，夾起放在肉塊上。
3. 醬油倒入鍋中和豬油一起炒至沸騰飄香，加入米酒跟水一起煮滾，把湯水倒入保鮮盒中。
4. 移入電鍋蒸20分鐘，再多燜20分鐘。
5. 食用時取需要的肉片分量，加上部分湯汁重新回鍋加熱，讓肉片軟化、湯汁產生濃郁感。

蔥燒蘿蔔滷肉

▌材　料
五花肉或豬蹄膀肉1份、白蘿蔔1根、青蔥1小把、水1杯

▌調味料
醬油1/2杯、米酒1杯

▌做　法
1. 肉切大塊先以油煎至金黃取出。
2. 醬油加入鍋中用油炒香，加入米酒及水，再放入肉塊。
3. 肉塊上鋪上青蔥段先滷15分鐘，再排上切大塊的白蘿蔔塊，蓋鍋以小火燉滷20分鐘即成。

日式炸豬排

▌材 料

小里肌1條（約700g）、水100CC、低筋麵粉2大匙、米穀粉1大匙、蛋2個、麵包粉2杯、高麗菜絲1份

▌調味料

鹽1/2小匙 、白胡椒粉1/8小匙

▌豬排醬汁

醬油膏2大匙、烏醋3大匙、米霖2-3大匙

▌做 法

1. 小里肌肉切2公分厚片，以肉槌略拍鬆。

2. 水加上調味料調勻，肉片放入抓拌，吸入調味水。

3. 肉片沾上拌勻的麵粉和米穀粉，再沾上打散的蛋液，接著掛上麵包粉，全部完成後略放2-3分鐘，待粉衣返潮。

4. 油鍋熱至160℃，沾粉肉片放入油鍋以中火炸至兩面金黃，改大火升高油溫後起鍋。

5. 食用時搭配高麗菜絲及豬排醬食用。

做好放一下再吃

豬排外層的麵衣有三種材料，炸好放置一會兒可讓最裡層的麵粉反潮吸收蛋汁，蛋汁抓緊麵包粉，豬排就不會掉屑脫殼。

香煎蒜香法式豬排

材　料
法式小口排3支、蒜仁6個、糯米椒3根、檸檬1/2個

調味料
玫瑰鹽、黑胡椒粒各適量，橄欖油少許

做　法

1. 冷凍法式豬排不需完全解凍，直接放入不沾平底鍋中，用中火煎至血水滲出即可翻面。

2. 在煎過的第一面撒上玫瑰鹽及黑胡椒粒，續煎另一面，見血水被頂上來即可再翻面，快速煎一下再翻面。

3. 蒜仁切大粒狀，與糯米椒一起拌上橄欖油，放在鍋中。

4. 翻煎豬排的過程中同時翻撥蒜仁煎香、煎糯米椒，可先取出排盤。

5. 豬排每面各煎兩次可煎熟，蓋鍋多燜2分鐘，可讓豬排不只煎熟，還能呈現多汁的狀態。

6. 取出豬排排盤，淋上鍋中的湯汁，擠上檸檬汁提味。

中式豬排

材　料

大里肌肉片半斤（約0.6公分厚度）、開胃黃瓜1小份、胡椒鹽適量

醃　料

蛋1個、蒜泥1小匙、醬油1大匙、魚露2小匙、胡椒粉1/8小匙、五香粉1/8小匙、紹興酒1大匙、米穀粉或麵粉1大匙

做　法

1. 醃料在碗中調勻，肉片加入拌勻放入冷藏醃漬20分鐘。
2. 不沾鍋倒入少許冷油，肉片拉平放入煎熟。
3. 取出肉片排盤，撒上胡椒鹽搭配開胃黃瓜食用。

蒜泥五花肉

材　料

帶皮五花肉1條、香菜段1小把、蒜末1大匙、紅辣椒末1小匙、水適量

調味料

米酒2大匙、鹽1小匙、香油1小匙、烏醋1大匙、醬油膏2大匙、糖2小匙

做　法

1. 五花肉洗淨，放在有蓋的湯鍋內，添水至淹過肉條，蓋鍋開火煮至沸騰，改小火再煮2分鐘熄火，略燜20分鐘。
2. 取出肉條放在盤中，淋上米酒略翻，放涼回溫。
3. 將蒜末和辣椒末加上香油、烏醋、醬油膏、糖調成沾醬；肉條切片，搭配香菜段排盤，搭配沾醬食用。

農家小炒肉

材　料

瘦肉片4兩、小青椒3-4個、蒜末1大匙、薑片丁1大匙、乾辣椒1小把、太白粉1小匙

調味料

A. 香油1小匙、醬油1小匙、太白粉1小匙

B. 魚露1.5大匙

做　法

1. 瘦肉片用調味料A拌醃，各項材料切備完成。

2. 鍋子下少許油把肉片炒至變色，下蒜末、乾辣椒、薑片丁炒香，再下青椒炒至翠綠，從鍋沿下魚露炒至腥味轉變成香味即可盛盤。

瓜仔肉

材　料

絞肉6兩、蔭油瓜半瓶、水半杯

調味料

白胡椒粉1/4小匙、香油1大匙

做　法

1. 絞肉和調味料先順同一方向攪出黏性。

2. 蔭油瓜以刀切成碎塊，連同醬汁加入絞肉中拌勻。

3. 分2次將水加入攪打至成稀軟肉泥。

4. 肉泥倒在碗中，移入電鍋，外鍋加1杯水，蒸熟即成。

豆豉蒸排骨

▌材　料

小排骨半斤、蒜泥1小匙、黑豆豉2小匙、紅辣椒圈少許

▌調味料

醬油2小匙、鹽1/4小匙、白胡椒粉少許、米酒1大匙、白芝麻油1大匙、太白粉2小匙

▌做　法

1. 排骨肉放在保鮮盒中加入冰塊水，移入冷藏泡水2-3小時。

2. 黑豆豉用少量清水瓢洗兩次

3. 取出排骨，用紙巾擦去外表水分，改刀切小塊，加入蒜泥和調味料拌勻，最後再拌入黑豆豉，即可鋪倒在盤中，再放上紅辣椒圈。

4. 移入電鍋或蒸鍋蒸25分鐘即成。

五香排骨酥

▌材　料

A. 小排骨1斤、冰塊和冷開水適量

B. 醃料：蛋1個、蒜泥1小匙、醬油2-3大匙、魚露1大匙、五香粉1/2小匙、白胡椒粉1/4小匙、米穀粉2大匙

C. 米穀粉1-2大匙、地瓜粉1/2杯

D. 胡椒鹽適量

▌做　法

1. 小排骨切適口大小，加冰塊水放入冰箱冷藏浸泡2-3小時。

2. 取出洗淨排骨，擦乾水分，加上醃料拌勻，移入冷藏半天或1個晚上。

3. 取出醃好的排骨拌勻，加上米穀粉收濃湯水，再沾上地瓜粉放5分鐘讓乾粉反潮。

4. 排骨酥放入溫熱油鍋以中小火慢炸，炸至表面略呈金黃先撈起，把火力開大升高油溫，用撈網把油渣撈乾淨，排骨再次回炸至表面酥脆撈出，趁熱撒上胡椒鹽。

香滷肥腸

材　料

大腸頭5-6條、水1.5杯、鹽2大匙、麵粉3大匙、青蔥花1小把

調味料

醬油5-6大匙、鹽1/2小匙

做　法

1. 大腸頭用鹽抓揉，拌上乾麵粉抓揉成麵糊，以水沖洗乾淨，放入鍋中加冷水淹沒，開火煮至定型成皺折圓管狀，不需完全沸騰，即可拿出再用冷水沖洗乾淨。

2. 清洗乾淨的大腸頭加上調味料、水一起用快鍋煮至沸騰，改小火再煮5分鐘熄火，略為燜泡，待快鍋解壓後取出肥腸，分量冷凍保存。

3. 食用時取滷肥腸切小段，加上少許醬汁用電鍋回蒸加熱，撒上蔥花。

苦瓜炒肥腸

材　料

滷肥腸1條、苦瓜1/2條、蒜末1大匙、薑末1大匙、紅辣椒末隨意、黑豆豉1大匙、水1/4杯、太白粉水少許、青蔥粒2大匙

調味料

肥腸滷汁2-3大匙、魚露1小匙、米酒1大匙、烏醋1大匙、白芝麻油1小匙

做　法

1. 滷肥腸斜切段，苦瓜切約1公分的厚片，各式辛香料切備妥當。

2. 用油爆香黑豆豉、蒜末、薑末及辣椒，下苦瓜翻炒，加入水先以中小火燜煮4-5分鐘，水分快收乾時苦瓜也可燜透。

3. 開鍋加入肥腸滷汁及調味料炒香，再加入肥腸翻炒，加太白粉水收濃醬汁，熄火前加入青蔥及白芝麻油提香。

蔥爆肉絲

材 料
豬肉絲1份（約200g）、青蔥4根、蒜仁3粒、薑1段、紅辣椒1根

醃 料
醬油1大匙、香油1大匙、太白粉2小匙

調味料
醬油膏2大匙、米酒2大匙、香油1小匙

做 法
1. 肉絲和醃料中的醬油、香油拌勻，再加入太白粉拌勻。
2. 青蔥切段，蒜仁拍粗末，薑切絲，辣椒斜切片。
3. 炒鍋加熱，放入2大匙油熱鍋，放入肉絲，快火炒散至八分熟先盛出。
4. 原鍋下薑、蒜、辣椒及蔥白炒香。
5. 加入炒過的肉絲及調味料。
6. 最後加入蔥綠，炒至蔥綠變嫩綠色即可熄火盛盤。

糖醋里肌

▌材 料
小里肌肉半條、洋蔥1/4個、青椒1個、蛋1/2個、地瓜粉水適量、水1大匙

▌醃 料
醬油1/2大匙、香油1小匙、麵粉2大匙、地瓜粉2大匙

▌調味料
番茄醬3大匙、白醋3大匙、糖1大匙、鹽1/4小匙

▌做 法

1. 里肌肉切成4長條，改刀切小塊，加入蛋和醬油、香油拌勻，再拌入麵粉及地瓜粉。

2. 洋蔥、青椒切丁片。

3. 鍋熱1碗油，下肉塊炸至金黃酥脆撈出，青椒亦入鍋略炸撈出，油鍋盛起。

4. 以鍋中餘油炒香洋蔥，下調味料炒至沸騰飄出香氣，加入水，並以地瓜粉水勾芡。

5. 加入肉塊及椒片炒勻即成。

糖醋味型的公式
番茄醬3大匙＋白醋3大匙＋糖1大匙+水1大匙

蜜汁叉燒

▌材　料
梅花肉片2片（3公分厚）

▌做　法
1. 梅花肉用刀尖或鬆肉針刺鬆。

2. 調味料A拌勻，肉片放入拌醃2小時。

3. 白芝麻油和蜂蜜調勻成蜜糖油。

4. 醃好肉片整平，放入氣炸鍋以180℃烘烤15分鐘左右，最後2分鐘刷上蜜糖油，再多烘烤一下讓表面掛上蜜糖味。

5. 沒有氣炸鍋可用不沾鍋加蓋法，肉片先煎香，再加上醃肉湯汁一起蓋煮至湯汁收濃，熄火前塗上蜜糖油。

▌調味料
A. 蒜泥1小匙、醬油膏2大匙、紅麴粉1/2小匙、魚露1大匙、原味豆瓣醬1大匙、紹興酒2大匙、五香粉1/4小匙

B. 白芝麻油1大匙、蜂蜜1大匙（或細砂糖1大匙）

自己做蜜汁叉燒飯
叉燒切片搭配熱白飯，再煎上一個焦皮荷包蛋，燙些青菜，即為蜜汁叉燒飯。

無麩咖哩牛肉

材　料

牛腩肉1.5斤、洋蔥1個、紅蘿蔔2根、馬鈴薯2大顆、月桂葉2葉、八角2粒、咖哩粉1.5大匙、紅辣椒粉少許（亦可不放）、水5-6杯、蓬來米粉3大匙

調味料

油4大匙、醬油2大匙、鹽1小匙、糖1小匙

做　法

1. 牛腩切塊，可用水汆燙或用不沾鍋炒至外表不見血水。

2. 洋蔥切丁、馬鈴薯和紅蘿蔔切塊，蓬來米粉以少許水調化。

3. 用油爆香洋蔥丁，至洋蔥變透明加入肉塊翻炒，下醬油炒出香味，再下咖哩粉、辣椒粉炒香，即可放入八角、水、紅蘿蔔塊，馬鈴薯塊放於最上方。

4. 蓋鍋燉煮。若是用快鍋，煮至沸騰滿壓改小火再煮5分鐘熄火；一般湯鍋煮至沸騰後，改小火續煮30分鐘。

5. 快鍋自然洩壓，開蓋後重新開火煮至沸騰，用鹽、糖調味，再以蓬來米粉調水勾芡，至湯汁略為濃稠即成。

沙茶炒牛肉

▌材　料
牛肉片200g、蒜末1大匙、薑絲1小撮、紅辣椒圈少許、青菜1把（芥蘭、青江菜或空心菜）

▌醃　料
白芝麻油1大匙、醬油2小匙、太白粉2小匙、小蘇打粉1/8小匙（不用亦可）

▌調味料
沙茶醬1.5大匙、醬油1大匙、魚露1大匙、米酒1大匙

▌做　法
1. 牛肉先用醃料拌勻，略放10分鐘。
2. 各項材料切備妥當，調味料調勻成醬汁。
3. 青菜加薑絲炒至八成熟，先盛出。
4. 用2大匙油把肉片炒開，加入蒜末、辣椒炒出香味，加入青菜、淋上醬汁快速炒勻即成。

先炒梗，再炒葉
可避免因熟成時間不同影響口感；水耕空心菜水分過多，炒起來也會影響香氣和口感。另外記得，牛肉要逆紋切，斷筋好咬嚼。

紅燒牛腩

材料

牛腩塊1.5斤、老薑2段、洋蔥1個、番茄1個、紅蘿蔔3條、水4杯、桂皮1小段、八角3粒、丁香3粒、月桂葉2葉

調味料

辣豆瓣醬2大匙、原味豆瓣醬2大匙、醬油膏3大匙、番茄醬1大匙、米酒1/2杯

做法

1. 牛腩切大塊用熱水氽燙，洗去雜沫。

2. 薑切厚片，洋蔥、番茄切大塊，紅蘿蔔切滾刀塊。

3. 快鍋中用3大匙油爆香薑片，下洋蔥塊炒香，再下牛肉塊翻炒，加入調味料炒出香味，加入番茄塊後推平肉塊，加水及米酒淹過牛肉，加入香料，再放上紅蘿蔔塊，蓋鍋開火烹煮沸騰，滿壓後改小火再煮5分鐘熄火。

4. 快鍋自然洩壓即可開鍋，重新開火煮至沸騰，放涼後可以冷藏或分量冷凍保存。

5. 食用時，視個人喜好濃度添加水分或時蔬復熱食用。

毛豆藜麥拌雞絲

材料
雞胸肉1片、藜麥3大匙、冷凍熟食毛豆仁1杯、水適量

調味料
鹽、白胡椒、白芝麻油各適量

做法
1. 雞胸肉放在盤中加適量水淹過，藜麥放進撈網用水洗淨，裝在小碗中加入3大匙水量，雞胸肉和藜麥一起放入電鍋，架蒸15-20分鐘。
2. 取出雞胸肉降溫後剝成雞絲，用少許雞湯調味讓雞絲回吸湯汁才不會太乾。
3. 以蒸出的雞湯雞油，加入毛豆仁、藜麥及調味料拌勻，最後再拌入雞絲，可放入冰箱冰涼後食用。

椒麻口水雞

材料
去骨大雞腿2隻、高麗菜1塊、蒜末1大匙、辣椒末少許、香菜末1小把、檸檬汁適量

調味料
魚露2大匙、糖1小匙、花椒粉1/4小匙

做法
1. 高麗菜刨切成細絲放入保鮮盒，加冷開水於盒中，搖動幾下瀝出水分，放入冷藏備用。
2. 高麗菜絲排在盤底，蒜末、辣椒末、香菜末加調味料及檸檬汁調成醬汁。
3. 雞腿皮面向下排入平底鍋，開火煎至皮面出油呈金黃香酥，翻面續煎約2分鐘即全熟。取出切小塊，排在高麗菜絲上，淋上醬汁即成。

香酥鹹酥雞

| 材　料

去骨雞胸肉1付、醃料1份、蓬萊米粉2大匙、地瓜粉2大匙、蔥花1/2杯、蒜末1大匙、紅辣椒圈少許、胡椒鹽適量、九層塔1把

| 醃　料

蛋1個、蒜泥2小匙、醬油2大匙、芝麻油1大匙、胡椒粉1/8小匙、蓬萊米粉3大匙

| 做　法

1. 雞胸肉切丁塊，加入醃料拌勻，再拌入3大匙蓬萊米粉，入冷藏醃放3 4小時。

2. 醃好的雞肉加上蓬萊米粉、地瓜粉拌勻，入油鍋油炸，或以氣炸鍋炸至金黃。

3. 起鍋後撒上胡椒鹽。

4. 油鍋盛起，以鍋底餘油炒香九層塔搭配。

時蔬蔥油雞

| 材　料

去骨土雞腿1隻、水3-4大匙、時蔬適量、青蔥2根、嫩薑1段

| 調味料

鹽、白胡椒粉、米酒、雞粉各適量，油1大匙、白芝麻油1大匙

| 做　法

1. 蔥薑切成細絲，用冰開水泡15分鐘後瀝乾。

2. 雞腿肉拉平排在盤中，淋上3-4大匙的水，以電鍋蒸15分鐘，取出放涼。

3. 不同時蔬分別燙熟，亦可同時放入電鍋一起蒸熟。

4. 取出時蔬排盤，雞腿切塊放上，雞肉湯汁放入鍋中加調味料煮沸，淋在雞肉時蔬盤上。

5. 鍋內放入油及白芝麻油一起加熱，蔥薑絲入鍋炒出香味，淋蓋在雞肉上。

麻油雞酒

材 料

土雞半隻（切塊）、老薑1段、甜玉米2根、米酒1瓶、胡麻油1/3杯

調味料

糖1小匙

做 法

1. 土雞塊洗淨瀝乾、老薑切片、甜玉米以刀尾切段。
2. 取不沾鍋放入雞塊開火，煎烙至一面上色再翻面煎炒，煎出雞油後加入薑片同煎，雞肉煎至金黃色，再將胡麻油加入炒出香氣。
3. 加入1/3瓶米酒及玉米塊拌勻蓋鍋。
4. 以小火煮10分鐘至雞肉熟透，剩餘2/3瓶米酒及糖加入蓋煮，沸騰熄火。

鮑菇三杯雞

材 料

去骨雞腿1隻、杏鮑菇2根、老薑1段、蒜仁5-6粒、紅辣椒1根、九層塔1大把

調味料

胡麻油2大匙、醬油2大匙、魚露1小匙、糖1大匙、米酒2大匙

做 法

1. 蒜仁切大粒，薑切片，辣椒折段，九層塔摘嫩葉，杏鮑菇切丁塊。
2. 雞腿切塊，皮面向下入鍋，先煎至出微量油，取出雞肉。
3. 用雞油翻炒杏鮑菇，炒至杏鮑菇釋出水分變軟先盛出。
4. 用胡麻油爆香蒜仁、薑片、辣椒段，下其餘調味料炒出香味，加入雞腿翻炒，蓋鍋以中火燜煮3分鐘。開鍋續炒去水分，待湯汁收濃，加入杏鮑菇、九層塔翻炒均勻即成。

辣炒雞丁

材 料

雞胸肉半付、小黃瓜2根、薑片丁2大匙、蒜末1大匙、紅辣椒1根

調味料

A. 白芝麻油1大匙、醬油1大匙、米酒1大匙、太白粉2小匙

B. 辣椒醬1大匙、醬油膏1大匙、烏醋1大匙

做 法

1. 雞胸肉切片丁狀用調味料A拌勻,小黃瓜切滾刀塊,薑蒜辣椒切備好。

2. 鍋中放少許油,加入雞丁翻炒至顏色變白,下薑丁、蒜末、辣椒片爆香,下黃瓜塊炒至變翠綠,加入調味料B炒勻即成。

宮保雞丁

材 料

雞胸肉半付、薑1段、蒜仁2粒、花椒1大匙、乾辣椒1把、脆花生3大匙

醃 料

醬油1大匙、香油1大匙、太白粉2小匙

調味料

醬油2大匙、米酒2大匙

做 法

1. 雞胸肉切片丁狀,以醃料拌勻,薑切片,蒜仁切蒜片,乾辣椒以水略沖瀝乾。

2. 鍋裡燒熱1碗油,放入雞丁半炒半炸至雞肉變熟撈出,油鍋盛起。

3. 以鍋中餘油爆香花椒,撈出花椒粒,下乾辣椒炒出香氣,再放入蒜片、薑片爆香,加入調味料炒香,加入雞丁翻炒,最後拌入脆花生即可盛盤。

清炒雞片

┃材 料

雞胸肉半付、小黃瓜2根、薑片丁2大匙、青蔥1根

┃醃 料

蛋白1/2個、白芝麻油1小匙、鹽少許、胡椒粉少許、米酒1大匙、太白粉2小匙

┃調味料

鹽、雞粉各適量

┃做 法

1. 雞肉順紋切片,用醃料拌勻,放入冰箱冷藏15分鐘。

2. 小黃瓜及辛香料分別切成適口大小。

3. 雞片入不沾鍋用少許油翻炒,炒至顏色翻白先盛起。

4. 原鍋加入少許油爆香薑片丁及蔥白,下小黃瓜翻炒,加入少許水及調味料炒勻,再用少許太白粉水收緊湯汁,最後加入雞片與蔥綠拌勻即可盛盤。

奶焗菇菇雞片

材　料

雞胸肉半付、蒜末1大匙，洋菇、鴻喜菇、鮮香菇各適量，紅蘿蔔片少許、青花椰菜適量、水1杯、奶水半杯或鮮奶1杯、玉米粉水少許、起司片1片或奶油1大匙

調味料

A. 鹽、白胡椒粉、米酒各少許，玉米粉2小匙

B. 鹽、雞粉、白胡椒粉各適量

做　法

1. 雞胸肉切片，加上調味料A拌勻。

2. 用少許油爆香蒜末及紅蘿蔔片，加入水、牛奶及菇料煮至沸騰，以調味料B調味。

3. 雞胸肉片投入湯中，用筷子撥散，加入青花椰菜翻拌後，立刻用玉米粉水勾薄芡，才能保持雞胸肉的滑嫩。

4. 最後加入起司片或奶油，撒上白胡椒粉即成。

新疆大盤雞

▌材 料

去骨雞腿2隻、洋蔥1個、紅番茄1個、青椒1個、馬鈴薯1個、紅蘿蔔1段、蒜片2大匙、薑片丁2大匙、乾辣椒段1小把、桂皮1小段、八角2粒、水2杯

▌調味料

辣豆瓣醬1大匙、醬油膏3大匙、鹽適量、紹興酒3大匙、花椒粉1/2小匙

▌做 法

1. 各項配料切成適口大小，馬鈴薯切薄片用清水浸泡，去骨雞腿切丁塊。

2. 雞腿皮面下鍋，煎至表皮金黃釋出雞油，再加少許油，下辛香料爆香，加入紅蘿蔔片拌炒，再下調味料炒出香氣，加水蓋鍋煮至沸騰。

3. 沸騰後，轉小火再多煮3分鐘。

4. 加入馬鈴薯片略煮，再加入洋蔥丁、番茄丁、青椒段一起炒勻，最後加入紹興酒及花椒粉提香，試味後即可上桌。

變化與增量做法

可加水煮拉麵條放在盤底，當成主食，增加大盤雞的豐富感與飽足感。

氣炸烤全雞

材　料

A. 小土雞1隻（約1.3-1.5公斤）、帶皮蒜仁7-8粒

B. 紹興酒1/2杯、花椒粉或黑胡椒粉1/4小匙、鹽1.5小匙、醬油微量（亦可不用）

C. 檸檬和胡椒各適量

做　法

1. 全雞洗淨擦乾水分。

2. 蒜仁用重物拍破，加上B料調成醬料。

3. 將醬料均勻塗抹在雞隻身上各處，最後把蒜仁和剩餘的醬料填入雞腹中。

4. 把雞隻放入氣炸鍋，以130-140℃先烘烤35分鐘，翻面升高溫度至160℃續烤25分鐘，此時雞肉應該已近全熟，可放在機器內維持熱度。

5. 食用前把雞再做一次翻面，以釋出的雞油塗抹雞皮，再用160℃烘烤10分鐘即可熱騰騰出爐。

6. 盛出的雞油原汁，撈除表面的厚油，可用來沾食，或是撒上胡椒鹽、擠上檸檬汁搭配食用。

不油炸獅子頭

▌材 料

絞肉800-900g、麵包粉2-3大匙、蛋1個、蒜泥1小匙、馬蹄8-10個、青蔥花4-5大匙、水2/3杯

▌調味料

醬油3大匙、魚露1大匙、胡椒粉1/4小匙、白芝麻油1大匙

▌做 法

1. 馬蹄放在袋中拍碎，取出略切擰乾水分。

2. 麵包粉加上蛋、蒜泥、調味料調勻成醬汁，加入絞肉攪拌，可以使用機器或手順向攪打出黏質，分次加入蔥花、馬蹄攪拌均勻。

3. 把絞肉推平分切出等量，取各分量用手整圓，兩手交互摔握成大肉球。

4. 肉球一一放入不沾鍋中，開火略煎讓表面定型上色，加入水蓋鍋，以中火煮至湯水快收乾，開鍋翻面收乾水分。

5. 再加入1-2大匙油，用油把獅子頭的表面水分煎乾，就完成了免油炸獅子頭。

讓家人健康不挑食——

蔬菜類

清炒國民高麗菜

| 材　料

高麗菜1塊（約半斤）、水1/3杯

| 調味料

鹽1/2小匙（弱）、糖1小匙、柴魚粉1/4小匙

| 做　法

1. 高麗菜用刀切片或手剝散。

2. 鍋熱加入2大匙油，加鹽炒散，熄火加入水和高麗菜，重新開火炒至湯水沸騰。

3. 在釋出的湯水中，加入糖及柴魚粉，翻炒均勻即可熄火盛盤。

沙茶拌時蔬

| 材　料

高麗菜1份、木耳絲1把、金針菇1把、芹菜段1小把

| 調味料

沙茶醬1大匙、柴魚粉1/2小匙、鹽少許

| 做　法

1. 金針菇、木耳絲加水一起煮滾，投入高麗菜燙熟，起鍋前投入芹菜段。

2. 調味料放在大碗中，撈出高麗菜及木耳等時蔬，趁熱拌勻即可盛盤。

川味手撕包菜

┃ 材　料

高麗菜1份、蛋1個、蒜末1大匙、乾辣椒1把、
花椒粒1小匙

┃ 調味料

魚露1.5大匙、白醋2大匙

┃ 做　法

1. 高麗菜用手撕成片狀。

2. 蛋打散用油炒成蛋碎，先盛出。

3. 原鍋再下少許油，乾辣椒、花椒粒以水快洗
   後加入慢慢煸炒出香味，加入高麗菜改大火
   翻炒，高麗菜受熱稍微變軟後，把蛋碎加
   入，用魚露熗鍋炒香，再加入白醋翻拌均勻
   起鍋。

麻油生包菜

┃ 材　料

高山高麗菜4-5葉、冷開水1杯

┃ 調味料

冷開水2大匙、雞粉1小匙、鹽少許、白芝麻
油2大匙

┃ 做　法

1. 高麗菜用手撥大片狀放入保鮮盒，加入白開
   水蓋好搖勻讓菜吸收水分，瀝乾後移入冰箱
   冷藏以吸乾蔬菜表面水分。

2. 食用時把調味料調勻，冰涼的高麗菜葉加入
   翻拌均勻即可食用。

真的不是忘記煮
這道簡易開胃的涼菜，不用開火就能做好，夥伴們戲
稱它是「忘記煮」的菜。

糖醋花椰菜

▍材　料

花椰菜1/2顆、蒜仁3粒、洋蔥1/2個、紅辣椒1根、青蔥2根、水2杯、太白粉水適量

▍調味料

鹽1小匙、糖1大匙、烏醋3大匙

▍做　法

1. 花椰菜削小朵狀，蒜仁拍粗末，洋蔥切粗絲，紅辣椒斜切片，青蔥切段分出蔥白、蔥綠。

2. 起鍋以2大匙油爆香蒜末、蔥白、洋蔥、辣椒，加入花椰菜翻炒幾下，即可蓋鍋燜煮3分鐘。

3. 開鍋以鹽、糖調味，再以太白粉水勾濃芡，熄火前加入烏醋、蔥綠炒勻盛盤。

咖哩花椰菜

▍材　料

花椰菜1顆、蒜末1大匙、洋蔥1/2個、紅蘿蔔片少許、水1杯、鮮香菇3朵、毛豆仁2大匙、麵粉水適量

▍調味料

咖哩粉1大匙，鹽、雞粉各適量

▍做　法

1. 花椰菜削小朵狀，洋蔥切粗絲，香菇切片。

2. 以2大匙油爆香蒜末、洋蔥，炒胡蘿蔔片，下咖哩粉炒香，加入水、花椰菜、香菇、毛豆仁，蓋鍋燜煮。

3. 沸騰後再多燜2-3分鐘，測試自己喜歡的軟度，以鹽、雞粉調味，再用麵粉水勾芡。

奶汁青椰

┃ 材　料

青花椰菜1朵、蒜片1大匙、洋菇10-12個、水
1/2杯、鮮奶1/2杯、玉米粉水少許、奶油1小
匙

┃ 調味料

鹽、雞粉各適量

┃ 做　法

1. 青花椰菜削小朵狀，洋菇切薄片，蒜拍蒜
　 末。
2. 以少許油爆香蒜末，下水煮出香味，下花椰
　 菜、洋菇片一起翻炒後蓋燜。
3. 燜2-3分鐘後開鍋加入鮮奶，用調味料調味，
　 以玉米粉水勾芡，最後加入奶油炒至融化即
　 可盛盤。

薑汁秋葵

┃ 材　料

秋葵3-4兩、老薑1小塊、冷開水少許、炒香白
芝麻少許

┃ 調味料

醬油1小匙、冷開水1小匙

┃ 做　法

1. 秋葵以少許鹽略為摩擦退去絨毛，頭端削整
　 乾淨。
2. 秋葵放進小鍋中，加入半杯水加蓋煮至沸騰
　 後，立刻撈出，放入冰水中冰鎮。
3. 瀝乾的秋葵放入冰箱冷藏。
4. 薑磨成薑泥加入少許冷開水調出濕度後放在
　 秋葵碟中，撒上白芝麻，淋上調淡的醬油即
　 成。

柴把韭菜

▌材　料
綠韭菜1小把（約4兩）、柴魚片1小把

▌調味料
醬油膏少許

▌做　法
1. 韭菜洗淨晾乾，炒鍋燒開2杯水，韭菜平鋪在蒸盤上，入鍋蒸2-3分鐘，取出放涼。
2. 將2-3根韭菜捆捲成柴把狀，放入冰箱冰涼。
3. 盤中韭菜對半剪，撒上柴魚片，再用湯匙淋上少許醬油膏。

吃出韭菜的香甜
蒸的韭菜不會產生濕黏的狀態，入口特別爽脆，綁成柴把的形狀，不只容易夾取，也不會過度吸附醬汁，適度的鹹味特別可口。

雞蛋炒韭菜

▌材　料
綠韭菜1把、雞蛋2個、嫩薑絲1小撮、油蔥酥1大匙、水1杯

▌調味料
雞粉、鹽各適量

▌做　法
1. 雞蛋打散，韭菜切長段。
2. 鍋熱加油2大匙，加入蛋炒成蛋花，再加入油蔥酥炒出香味，即可加水煮至沸騰，再以調味料調味，加入薑絲、韭菜段，炒至顏色翠綠即可盛盤。

胡麻田園蔬

材料

小黃瓜1條、秋葵1小把、玉米筍6-7根、山藥1小段

調味料

白芝麻醬2小匙、冷開水少許、白醋2小匙、糖1小匙、沙拉醬2大匙

做法

1. 小黃瓜切片用少許鹽拌勻入味，秋葵、玉米筍、山藥片用小鍋以少量水燙熟，放涼後，裝在碗中移入冷藏冰涼備用。
2. 白芝麻醬用少許冷開水調化，加入白醋、糖、沙拉醬調成胡麻醬。
3. 食用時把胡麻醬淋在蔬菜碗中拌勻。

清蒸茭白筍

材料

茭白筍1斤

調味料

客家桔醬1大匙、醬油少許

做法

1. 茭白筍剝去外殼保留整支筍段，用水沖洗後放在盤中，放入蒸鍋蒸8分鐘，取出放涼，再放入冰箱冷藏保存。
2. 冰涼茭白筍對切排盤，調味料調入醬碟中搭配沾食。

海帶芽洋蔥和風沙拉

材料

洋蔥1/2個、海帶芽1小撮、炒香白芝麻1小匙

調味料

白芝麻油1大匙、醬油2小匙、糖2小匙、烏醋或水果醋3大匙

做法

1. 洋蔥切絲用冷開水浸泡15分鐘，瀝乾放入冰箱冷藏。
2. 海帶芽放在碗中沖入冷開水清洗2次，倒乾水分，放置10分鐘即變軟帶有彈性。
3. 調味料調勻成和風沙拉醬汁。
4. 洋蔥搭配海帶芽盛盤，撒上壓破口的炒香白芝麻，淋上和風沙拉醬汁拌勻食用。

凱薩玉米沙拉

材料

甜玉米1-2根、紅番茄1個、生菜葉1把

調味料

凱薩沙拉醬適量

做法

1. 玉米剝去外葉，只留少許葉片包覆，放入保鮮盒，加冷開水淹平，移入電鍋蒸20分鐘，出鍋浸泡在湯水中放涼，再拿出玉米包好放入冰箱冷藏。
2. 冰涼的玉米取出切段，豎直切下片狀玉米粒，搭配生菜葉、番茄丁裝碗，食用時淋上凱薩沙拉醬。

五色一沙拉

材 料

白蘿蔔1段、紅番茄1個、小黃瓜1根、玉米筍3-4根、葡萄乾2大匙

調味料

白芝麻油2大匙、醬油1大匙、烏醋3-4大匙、糖2小匙、黑胡椒粒1/8小匙

做 法

1. 白蘿蔔削皮切片,改刀切細絲,用冷開水浸泡10分鐘後,瀝乾冷藏冰涼。

2. 玉米筍用少許水煮熟冷卻後冰涼切片;小黃瓜切片用少許鹽略醃出水擰乾;番茄切薄片放在沙拉碟周邊,放入冰箱冷藏。

3. 取容器放入醬料,加蓋搖勻成和風沙拉醬。

4. 冰涼的番茄沙拉碟中心放上蘿蔔絲,撒上黃瓜片、玉米筍丁、葡萄乾,淋上和風沙拉醬拌勻即可食用。

醋溜土豆絲

材 料

薄皮馬鈴薯1個、花椒1大匙、蒜仁3粒、乾辣椒3-4根、青辣椒1/2根、薑絲少許

調味料

鹽1/2小匙、雞粉1/2小匙、白醋2大匙

做 法

1. 馬鈴薯去皮切成細絲,以清水浸泡20分鐘,中間換過一次水。

2. 蒜仁拍末,乾辣椒略沖水,馬鈴薯瀝乾水分,青辣椒切絲和鹽、雞粉與馬鈴薯絲略拌。

3. 熱鍋以3大匙油爆香花椒,熄火撈出花椒,下乾辣椒炒至顏色變深紅,加入薑絲和蒜末炒香,下馬鈴薯絲以大火快炒幾下。白醋沿鍋邊淋下,炒勻後盛盤。

沙拉涼筍

材　料
鮮竹筍適量、水1鍋、排骨1小塊（或冰糖1小塊）

調味料
沙拉醬適量

做　法
1. 竹筍肉底略削去，筍尖切開頭洗淨。
2. 全部竹筍放入湯鍋，加入排骨或冰糖加水淹過，蓋鍋煮至沸騰後改小火煮50分鐘。（若用快鍋，煮至沸騰滿壓發出聲響，以小火再煮5分鐘熄火。）
3. 竹筍浸泡在煮筍水中放至全涼，連湯水一起放入保鮮盒，再放入冰箱冷藏。
4. 食用時，剝殼削淨外皮，削去粗老纖維，切滾刀塊排盤，搭配沙拉醬食用。

馬鈴薯泥沙拉

材　料
馬鈴薯2個、紅蘿蔔1/2根、小黃瓜1條、小番茄1把

調味料
鹽、白胡椒粉各適量，沙拉醬1條

做　法
1. 馬鈴薯洗淨不刨皮，紅蘿蔔刨皮，一同入鍋蒸熟，取出放涼。
2. 馬鈴薯放涼去皮切丁，紅蘿蔔切丁，撒上鹽及白胡椒粉，擠上沙拉醬拌勻，入冰箱冷藏。
3. 食用時，以冰淇淋挖球器挖出薯泥，配上黃瓜、小番茄即成。

奶香芋泥沙拉

▌材 料

芋頭1/2個（約半斤）、鮮奶1杯、奶油1大匙、沙拉醬適量

▌調味料

鹽、白胡椒粉各少許

▌做 法

1. 芋頭切方丁放在盤中，放入蒸鍋蒸至可用筷子輕鬆刺穿。

2. 奶油放入鮮奶中，加熱至奶油融化，加上少許鹽、白胡椒粉調出鹹味，蒸熟的芋頭丁趁熱放入牛奶中拌勻。

3. 吸入牛奶有濕潤感的芋頭丁放到完全涼透。

4. 芋頭丁中加入適量沙拉醬拌勻成芋泥狀，即可盛小杯當開胃菜食用。

蝦香芋羹

▌材 料

芋頭1個、蝦米3大匙、水2又1/2杯、玉米粉水少許、芹菜2根

▌調味料

雞粉1/2小匙、鹽1小匙、白胡椒粉1/4小匙

▌做 法

1. 芋頭切方丁，蝦米泡軟，芹菜切細末。

2. 鍋熱倒入3大匙油，爆香蝦米，加入芋頭丁翻炒至均勻上油。

3. 加入水煮滾，以鹽調味即可蓋鍋，燜煮約5分鐘。

4. 開鍋拌勻，加入雞粉、白胡椒粉調味炒勻，盛盤後趁熱撒上芹菜末。

酸筍空心菜

▌材　料

空心菜1把、蒜末1大匙、紅辣椒末少許、酸筍絲1/2杯

▌調味料

鹽、柴魚粉各適量

▌做　法

1. 空心菜切段，菜梗及葉片分開擺放。

2. 鍋熱2大匙油，下辣椒末和蒜末炒香，加入酸筍翻炒出香味。

3. 下空心菜梗略微翻炒，再下調味料炒勻，加入葉片的部分炒熟盛盤。

泰式拆魚空心菜

▌材　料

空心菜1把、煎熟魚肉1小份、蒜末1大匙、朝天椒圈少許

▌調味料

魚露1又1/2小匙

▌做　法

1. 用少許油把魚肉丁回鍋煎香、煎黃取出。

2. 原鍋下少許油爆香蒜末、辣椒，下空心菜炒約八分熟，從鍋沿加入魚露，炒出香氣同時把空心菜炒熟，最後加入魚丁炒勻即可盛盤。

食材再利用
有時候魚沒有吃完，可以去骨拆下魚肉，重新爆香，炒飯炒菜時加入利用。

筍絲蛋脯

材 料

煮熟的筍子1段、乾香菇4-5朵、蛋2顆

調味料

醬油2小匙、糖2小匙、鹽適量、白胡椒粉少許

做 法

1. 香菇泡軟切絲,竹筍切成筍絲,蛋打散備用。
2. 鍋熱少許油下香菇絲爆香,下醬油跟糖炒出香味,加入泡香菇水煮滾,用鹽調味,下筍絲翻炒。
3. 炒至水分快要收乾,撒上白胡椒粉,淋上蛋汁,不斷翻炒,補上1小匙油,炒到筍絲熱騰乾鬆飄出蛋香味即可盛盤。

皮蛋炒地瓜葉

材 料

地瓜葉半斤、皮蛋2個、蒜仁3粒、薑1小塊、紅辣椒1根、青蔥1根、水1杯

調味料

雞粉1/2小匙、鹽適量

做 法

1. 地瓜菜摘好,皮蛋剝殼1個切為4塊,蒜仁拍切成蒜末,薑切薑絲,青蔥切小蔥段,紅辣椒切斜片。
2. 鍋熱3大匙油,爆香蔥段、蒜、薑、辣椒,再下皮蛋炒開,淋入水、放入地瓜葉翻炒幾下,即可加蓋煮,至冒出水氣再多燜1分鐘。
3. 開鍋以雞粉、鹽調味炒勻,連湯汁盛盤。

月見龍鬚菜

材　料

龍鬚菜1把、蒜仁2粒、蛋1個

調味料

雞粉和鹽各適量、米酒1大匙

做　法

1. 龍鬚菜摘成小段，蒜仁拍切成蒜末，蛋分出蛋白和蛋黃。

2. 起鍋以2大匙油加入蒜末爆香，再下龍鬚菜翻炒。

3. 以雞粉和鹽調味，鍋邊淋入米酒炒勻後盛盤，在菜堆中挑出一個窩眼，放上蛋黃，上桌立即拌勻食用。

和風龍鬚菜沙拉

材　料

龍鬚菜1把、柴魚片1小包、炒香白芝麻1小匙

調味料

醬油2大匙、米霖2大匙、冷開水2大匙、冰塊2-3個

做　法

1. 龍鬚菜摘去捲鬚，切掉尾部較老的莖，洗淨後帶著水分放入沸騰蒸鍋蒸2分鐘，開鍋後菜變翠綠即可夾出攤開用電風扇吹涼。

2. 吹涼的龍鬚菜切段，排盤放入冰箱冷藏。

3. 調味料調勻成日式甜醬油。

4. 食用時取出菜盤淋上日式甜醬油，撒上柴魚，炒香白芝麻用手捏碎撒在上方即可。

龍鬚菜這樣摘

　　龍鬚菜就是佛手瓜的嫩葉,帶著捲捲的條鬚,除了有葉菜的膳食纖維,因為富含維生素、礦物質所以不是特別耐放,尤其在炎熱的夏天,放個1-2天很容易就從翠綠退青變黃,纖維也會呈現老化的口感。所以在選購時盡量挑選顏色翠綠、柔軟帶有彈性,也要盡快烹調。

　　一整把龍鬚菜,該留下哪些部位,才能夠讓炒出的菜保有脆嫩口感?先把葉梢細細的捲鬚摘除,前端有個開叉葉是最嫩的部位,直接摘下葉帶莖的寸段,再把兩側大葉輕鬆折下,能夠輕鬆折斷表示是脆嫩的;莖骨的部分,再摘下1-2個寸段,就會到比較胖身的莖骨,通常這一段的口感偏老可捨棄不要,才不會炒好的一盤菜口感稱差不齊。

開胃拌花生

┃材　料

脆花生4-5大匙、香菜末1小把

┃調味料

白芝麻油1大匙、烏醋2-3大匙

┃做　法

1. 脆花生先用白芝麻油拌勻，加上烏醋、香菜段拌勻即成。

口水過貓

┃材　料

過貓1把、蒜泥1小匙、紅辣油2大匙、炒香白芝麻1小匙

┃調味料

醬油2大匙、白醋1大匙、糖1小匙、花椒粉1/4小匙、冷開水2大匙

┃做　法

1. 過貓切去硬梗，洗淨帶有水分，散開鋪放在蒸盤上，放入蒸鍋以旺火蒸2分鐘，顏色變翠綠表示熟透，取出用電風扇吹涼。

2. 放涼的過貓切段，排盤放入冰箱冷藏。

3. 蒜泥加上調味料調成醬汁。食用時，醬汁淋在過貓菜盤上，再淋上紅辣油，撒上略壓破口的炒香白芝麻。

【過貓用龍鬚菜替換亦可。】

和風涼白菜

▌材 料

小白菜1把、薑泥1小匙、柴魚片1小把、熱開水1大匙、冰塊2-3塊

▌調味料

醬油1大匙、柴魚粉1小匙

▌做 法

1. 小白菜切去蒂頭洗淨，帶有少許水分。

2. 小白菜可用蒸2分鐘的方式，或用熱開水汆燙，放涼切段放盤中，入冰箱冷藏。

3. 柴魚粉加熱開水調化，加上醬油、冰塊、薑泥調成醬汁。

4. 食用時取出冰涼白菜，淋上薑汁醬油、撒上柴魚片。

涼拌白菜絲

▌材 料

天津大白菜4-5葉、蒜泥2小匙、香菜1小把、炒香脆花生2大匙

▌調味料

白芝麻油1大匙、紅辣油2大匙、鹽1/2小匙、糖1/4小匙、花椒粉1/4小匙

▌做 法

1. 大白菜洗淨橫紋切絲，香菜洗淨切長段，一起放入冰箱冰涼。

2. 蒜泥放在盆中，加上所有調味料調勻成醬汁。

3. 食用時取出冰涼白菜，放入醬汁盆中拌勻，加上香菜段及脆花生拌勻即可盛盤。

開陽白菜

材　料
長型大白菜1/2個、蒜片1大匙、蝦米2大匙、水1杯、玉米粉水適量

調味料
鹽、柴魚粉各適量

做　法
1. 大白菜切段狀，蝦米洗淨泡軟，玉米粉水調勻備用。
2. 鍋熱冷油下蝦米爆香，白色水煙過後加入蒜片炒出香味，加入大白菜跟水一起蓋燜。
3. 沸騰後多燜2-3分鐘，開鍋加入調味料，一邊翻炒、一邊加入玉米粉水勾芡，讓白菜不要過度流失水分以保持脆度，完全沸騰後盛盤。

白菜滷

材　料
白菜1顆、扁魚乾4-5條、蒜仁3-4粒、蛋1個、爆豬皮1片、水3杯

調味料
醬油1大匙、鹽1小匙、糖1小匙、白胡椒粉適量

做　法
1. 白菜以手剝成片，豬皮以熱水泡軟切條。
2. 蛋打散，熱鍋下4大匙油，倒下蛋液炒散，炒至蛋花變成蛋燥，撈起。
3. 原鍋放入扁魚乾，煸至呈香酥狀。放入蒜仁炒至呈金黃色，熗入醬油炒香，加入蛋燥和白菜炒勻。
4. 加入水、爆豬皮，蓋鍋煮至沸騰，改小火滷煮20分鐘，起鍋前以鹽、糖和白胡椒調味。

熗炒白菜梆

材 料

山東大白菜 5-6葉、蒜末1大匙、乾辣椒段1小把

調味料

魚露1.5大匙、白醋1.5大匙

做 法

1. 大白菜洗淨切下厚肉菜梆，改刀切成適口片丁。

2. 鍋內加2大匙油，乾辣椒段用水快沖，立刻放入油中慢慢翻炒出辣椒香，加入蒜末炒香，下白菜梆不斷翻炒，炒出熱度。

3. 從鍋沿淋入魚露炒香，加白醋熗出香味即可熄火。

清炒時蔬

材 料

綠葉蔬菜半斤、薑1小段或蒜末1大匙、水約半杯

調味料

鹽適量、柴魚粉（味精）少許

做 法

1. 青菜洗淨晾乾，若要切段可分莖骨及葉片，薑切薑絲備用。

2. 鍋熱加1.5大匙油，冷油下薑絲或是蒜末爆香，可先把鹽同時加入，炒勻後先熄火。

3. 加入半杯水及莖骨再開火一起翻炒，炒到沸騰後加入葉片即可快速炒軟，此時把柴魚粉加入鍋內菜湯中，可快溶不易燒焦，風味就能夠快速翻拌均勻。

4. 盛盤後在中央稍微留出一個火山口狀，讓熱氣釋放可以保持綠葉蔬菜的色澤。

黑胡椒大頭菜

材 料

大頭菜1顆（約1斤）、鹽1小匙、香菜末1小把、紅辣椒末少許

調味料

醬油2大匙、白醋1大匙、糖2小匙、白芝麻油2大匙、黑胡椒粒1/2小匙

做 法

1. 大頭菜削皮，切成小薄片丁，用鹽拌勻略放1小時軟化出水。

2. 用冷開水把大頭菜快速清洗一次，放在瀝水籃一段時間瀝乾水分。

3. 菜心片用調味料拌勻，冷藏醃放半天入味。

4. 食用時取入味的菜心加上香菜末、紅辣椒末拌勻即可食用。

素蟹黃炒芥菜

材 料

A.芥菜心1個、滾水一鍋、小蘇打粉1/2小匙 、油1小匙

B. 紅蘿蔔1段、蛋白1個、玉米粉2小匙、水1大匙

C. 薑絲1小撮、水1杯、玉米粉水適量、老蔥油或白芝麻油少許（不用亦可）

調味料

魚露、鹽各適量

做 法

1. 芥菜心切片，熱開水鍋加入小蘇打、油，放入芥菜心汆燙至顏色變翠綠，撈出用冷水浸泡定色，瀝乾備用。

2. 紅蘿蔔磨成泥取4大匙，加上蛋白、玉米粉、水、少許魚露調勻。

3. 以2大匙油熱鍋，倒入紅蘿蔔蛋泥，炒成小粒狀盛起，為素蟹黃。用少許油爆香薑絲，加入水，以魚露和鹽調味，芥菜心放入一起加熱，用玉米粉水勾芡，素蟹黃加入拌勻，熄火前加入少許老蔥油或白芝麻油炒勻。

煎烤鮮香菇

材　料

厚肉大朵鮮香菇8-10朵

調味料

胡椒鹽少許

做　法

1. 鮮香菇的菇面刻十字花、切平蒂頭。

2. 菇面向下放入不沾鍋，開小火慢煎，飄出菇香味再翻面續煎，鍋溫過高可關火，用鍋子餘溫續煎，煎至香菇七至八分熟，即可蓋鍋燜2分鐘，開鍋後看見菇蒂中心的位置冒出水分，表示香菇完全熟透。

3. 若不使用不沾鍋煎烤，也可以氣炸鍋170℃氣炸烤5分鐘。盛盤後搭配胡椒鹽食用。

蒜蓉奶香杏鮑菇

材　料

杏鮑菇2-3根、蒜末2大匙、奶油1小匙、蔥花少許、水3大匙

調味料

醬油膏1大匙、胡椒粉少許

做　法

1. 杏鮑菇順紋切薄片鋪放在盤中。

2. 蒜末用少許油爆炒出香氣，加入水及調味料和奶油一起調勻，把香蒜汁淋在杏鮑菇片上，移入蒸鍋，蒸5分鐘即成。

下飯針菇醬

材　料

金針菇1把、水3大匙

調味料

醬油1大匙、醬油膏2大匙、冰糖1小匙、白芝麻油1小匙

做　法

1. 水加上調味料在小鍋中以小火煮至沸騰。

2. 金針菇拆散切小段，放入醬料中，加蓋改小火煮10分鐘，呈現濃稠狀即可熄火放涼。

鳳梨炒木耳

材　料

黑木耳6兩、鳳梨1段、嫩薑1段、紅辣椒1根、黃豆醬1大匙、鹽1/4小匙

調味料

白芝麻油1小匙、白醋2小匙

做　法

1. 鳳梨切丁，鳳梨心切條絲狀，一起用鹽拌醃；黑木耳切條片狀，嫩薑切絲，辣椒切小圈。

2. 起鍋用少許油先炒鳳梨，吃辣者可先下辣椒炒出辣味，再下木耳翻炒，加入2湯匙水炒至沸騰，再下黃豆醬炒勻，最後加入薑絲、白芝麻油，翻炒均勻。

3. 熄火前從鍋沿加入白醋炒出醋香味即成。

刀拍黃瓜

▋ 材　料

小黃瓜3條、蒜仁3-4粒、薑1小段

▋ 調味料

白芝麻油1大匙、鹽1/2小匙、柴魚粉1/2小匙

▋ 做　法

1. 小黃瓜用刀子拍破，以斜刀切小段，蒜仁、乾薑拍碎切細末，全部放入大碗中。

2. 加入調味料翻拌均勻，放入冰箱冷藏5分鐘後即可取出食用。

醬炒黃瓜

▋ 材　料

小黃瓜4條、黑木耳2片、青蔥1根、蒜末1大匙、紅辣椒1根、稀太白粉水少許

▋ 調味料

鹽少許、醬油膏2大匙、烏醋1大匙、白芝麻油1小匙

▋ 做　法

1. 小黃瓜拍破切段，青蔥切小段，辣椒切片，木耳切片，稀太白粉水調勻備用。

2. 用油爆香蒜末、辣椒、蔥白段，下小黃瓜、木耳片翻炒，待小黃瓜顏色變翠綠，加少許稀太白粉水燴炒，防止小黃瓜水分流失。

3. 炒至黃瓜掛上太白粉水的亮度，加入調味料翻炒均勻，最後加入蔥青段，滴上白芝麻油拌勻盛盤。

味噌黃瓜船

| 材 料

小黃瓜2條、白飯3大匙、炒香白芝麻1小匙

| 調味料

味噌1.5大匙、白芝麻油1小匙、米霖2小匙

| 做 法

1. 小黃瓜洗淨從中對切，再改刀切段，用刀子把中央籽囊的部分取掉，排在盤上，移入冰箱冷藏。

2. 味噌加上調味料一起拌勻，再跟白飯拌均勻成為味噌米飯醬。

3. 食用時取出黃瓜船，把味噌米飯醬填在黃瓜船上，撒上少許捏破的炒香白芝麻。

清燜大黃瓜

| 材 料

青肉大黃瓜1條、水1杯

| 調味料

鹽、柴魚粉各適量

| 做 法

1. 大黃瓜削皮對切挖籽，改刀切成約0.8公分厚的片狀。

2. 熱少許油，下瓜片翻炒，加入水蓋鍋燜煮，沸騰後約燜2-3分鐘再加一次冷水，瓜肉會更容易燜透。

3. 瓜肉呈現透明狀，加入調味料翻炒均勻即可盛盤。

大黃瓜怎麼選

選擇青肉種的大黃瓜不管色澤或瓜肉口感都較好。挑選時可從瓜的尾端線條判斷，帶有濃郁綠色的多半為青肉；黃白色條紋為白肉品種的大黃瓜，燜煮的時間需拉長。

甜酸大黃瓜

材　料

大黃瓜1/2條、鹽1/2小匙

調味料

糖2大匙、白醋2大匙

做　法

1. 帶皮大黃瓜洗淨，對剖去籽切薄片。

2. 用鹽拌勻略放30分鐘，以冷開水沖淋一次瀝乾水分。

3. 用手把黃瓜多餘的水分按壓去掉，加入調味料拌勻放入冰箱冷藏，半天即可入味。

老蔥油炒絲瓜

材　料

絲瓜1條、蛋1個、水1杯、薑絲1小撮、老蔥油2大匙

調味料

魚露1小匙、鹽和柴魚粉各少許

做　法

1. 絲瓜削皮切滾刀塊，蛋加上魚露打散。

2. 鍋熱2大匙油，下蛋液炒成蛋碎，下絲瓜翻炒，加水蓋鍋煮沸略燜1-2分鐘。

3. 用調味料淡淡調味，加上老蔥油拌勻即可盛盤。

開陽瓠瓜

材 料
瓠瓜1個、蝦米3大匙、蒜末1大匙、水1又1/2杯、冬粉1球

調味料
柴魚粉1小匙、鹽1/4小匙

做 法
1. 瓠瓜切手指粗的條狀、蝦米泡軟、冬粉泡軟剪小段。
2. 以油爆香蝦米,再下蒜末炒香,下瓠瓜略翻炒,加入水一起改中小火蓋燜。
3. 瓠瓜燜軟透,以調味料調味,再加入冬粉段一起煮軟即成。

醋漬洋蔥丁

材 料
洋蔥1個、冷開水1/2杯

調味料
糖2大匙、白醋3大匙、醬油1大匙

做 法
1. 洋蔥切丁片放進保鮮盒,加入冷開水及調味料,搖拌均勻放入冰箱冷藏1天1夜入味即成。

黑胡椒炒洋蔥

材　料

洋蔥1個、蛋2個、水1/2杯、太白粉水少許

調味料

黑胡椒粒1/4小匙、醬油1大匙、鹽適量

做　法

1. 洋蔥對剖切絲剝散，蛋打散。

2. 鍋中熱油，蛋入鍋炒成半熟滑蛋先盛出。

3. 原鍋再下少許油，洋蔥下鍋翻炒出香味，加入水、醬油、黑胡椒粒翻拌均勻，蓋鍋以中小火略燜3分鐘。

4. 開鍋炒勻，加入太白粉水勾薄芡，加鹽調味，加入滑蛋拌炒均勻即可盛盤。

和風南瓜磚

材　料

栗子南瓜半顆、柴魚片1把、水2/3杯

調味料

醬油1大匙、米霖2大匙、鹽1/4小匙

做　法

1. 南瓜切塊，皮面向下排入鍋中。

2. 調味料加水調勻倒入南瓜鍋中，上方鋪一張絲布巾，撒上柴魚片蓋鍋，開中小火慢慢煮至水分收乾（約8-10分鐘）。

3. 熄火後不要開蓋，靜置冷卻，打開鍋蓋拉起布巾，拿掉柴魚片，南瓜磚冰涼後更為美味。

南瓜濃湯

材 料
南瓜半斤、水4杯、奶水1杯、麵粉4大匙、奶油1大匙

調味料
鹽、雞粉、白胡椒粉各適量

做 法
1. 南瓜帶皮切塊蒸熟,加上水用調理機打勻。

2. 倒入鍋中開火煮至沸騰,加入奶水,以鹽、雞粉調味,再用麵粉水勾芡,熄火前加入奶油,撒上白胡椒粉。

金沙南瓜

材 料
栗子南瓜半顆、鹹鴨蛋2個、蒜末2粒、蔥花適量、辣椒圈1/2根、玉米粉2大匙

調味料
白胡椒粉適量

做 法
1. 南瓜帶皮切約1公分片狀,以玉米粉拌勻,鹹蛋敲破殼剖開,挖出蛋黃壓成泥,蛋白以細目撈網壓成碎末。

2. 南瓜片入油鍋炸至浮起撈出,油鍋盛起。

3. 以鍋底餘油,加入鹹蛋黃抹炒成帶香氣的蛋油沫。

4. 放入蒜末略炒,南瓜下鍋,撒入蔥花、辣椒圈、白胡椒粉炒拌勻即可盛盤,最後撒上蛋白碎末。

百香果南瓜

材　料
青嫩南瓜1顆、百香果6-7個

調味料
鹽1/2小匙、糖2大匙

做　法
1. 南瓜削皮對切，去籽切薄片，用鹽拌勻，放30分鐘軟化出水。
2. 百香果挖出果肉，加上糖調出自己可接受的酸度。
3. 南瓜瀝掉水分，加上百香果放入保鮮盒冷藏，醃放1夜入味即可食用。

素燒冬瓜磚

材　料
冬瓜1段、香菇4朵、薑絲1小撮、水1杯

調味料
醬油膏2大匙、糖1小匙、鹽少許

做　法
1. 香菇泡軟切片，冬瓜切塊狀。
2. 香菇以少許油爆香，下調味料炒出香氣，加入水調拌均勻，放入冬瓜，蓋鍋改最小文火慢慢燜煮。
3. 煮至冬瓜可用筷子輕易刺過，再測試一次味道，最後加入薑絲拌勻。

梅汁紅蘿蔔

│ 材　料

紅蘿蔔2根、紫蘇梅2-3粒、水適量

│ 調味料

醬油1小匙、鹽1/4小匙、糖1大匙、米霖2大匙

│ 做　法

1. 紅蘿蔔切大滾刀塊放在鍋中，梅子剝下梅肉，加入所有調味料。

2. 加平水淹紅蘿蔔，加蓋開火，以中火力慢慢煮至湯汁快收乾，熄火。

3. 放涼後移入冰箱冷藏產生回Q的口感。

焦糖蘿蔔炒蛋

│ 材　料

紅蘿蔔1-2根、蛋2-3個、水1杯

│ 調味料

糖2小匙，鹽、柴魚粉各適量

│ 做　法

1. 紅蘿蔔削皮，用刀切或者刨籤的方式刨成粗絲，蛋打散備用。

2. 熱鍋加入少許油，蛋下鍋炒成半熟滑蛋先盛出。

3. 原鍋再下少許油，放入糖炒出金黃焦糖色，即可加水，下紅蘿蔔絲翻炒均勻，加蓋燜至沸騰，再多煮2分鐘。

4. 開鍋用鹽、柴魚粉調味，紅蘿蔔熟透去生味，加上蛋花拌勻即可盛盤。

洋菇炒豆莢

材料

荷蘭豆莢6兩、洋菇10-12粒、蒜末1小匙、水1大匙

調味料

鹽、柴魚粉各適量

做法

1. 荷蘭豆摘去兩端莢筋,洗淨瀝乾,視洋菇大小對切或切片。

2. 以少許油爆香蒜末,下洋菇翻炒,待洋菇變色變軟,下豆莢及1大匙水快速翻炒,用調味料調味,豆莢顏色變油亮翠綠即可盛盤。

油封彩椒

材料

彩椒2個

調味料

冷壓橄欖油2-3大匙,鹽、白胡椒粉各適量

做法

1. 彩椒洗淨對切,可以放在烤盤中入烤箱用250℃烘烤12-15分鐘,椒皮會呈現起泡狀態。

2. 取出降溫後可以看到彩椒萎縮,撕掉起泡椒皮。

3. 留下椒肉,改刀切條絲狀,加上調味料拌勻即可食用。可放入冰箱冷藏保存當涼菜。

鹹蛋炒苦瓜

材　料
苦瓜1/2條、水1/4杯、鹹蛋2個、蒜末1大匙、薑末1大匙、青蔥花3大匙

調味料
鹽、雞粉、白胡椒粉各適量

做　法
1. 苦瓜切片，鹹蛋挖出蛋黃壓碎，蛋白用刀子按扁剁碎。

2. 鍋熱少許油，下薑末、蒜末爆香，加入苦瓜翻拌，加入水改中小火蓋燜3-4分鐘，盛出放在盤中，上面蓋盤保溫後燜。

3. 用油把鹹蛋黃炒成油沫，下苦瓜翻炒，加入調味料翻炒，最後加入蛋白碎及青蔥花拌炒均勻即成。

翠玉苦瓜

材　料
青苦瓜1條、冰塊1把、冷開水1大碗、蜂蜜1大匙

調味料
醃漬紫蘇梅2大匙、蜂蜜1大匙、沙拉醬2大匙

做　法
1. 苦瓜對剖去籽，再分切為2長條，以水果刀的刀尖將苦瓜內膜去掉。

2. 以薄刀將苦瓜推切成薄片。

3. 泡入冰塊冷開水中冰鎮，梅子去籽切碎，加上蜂蜜和沙拉醬調成沾醬，冰塊盛於盤中，上放苦瓜片，搭配沾醬食用。

蔭油燜苦瓜

▍材　料
白苦瓜1條、薑絲少許

▍調味料
香油2大匙、壺底油精5大匙、水3大匙

▍做　法
1. 白苦瓜對剖留籽，切成大寬片。
2. 炒鍋放入2大匙香油，加入苦瓜翻炒熟，盛於大碗中。
3. 於放苦瓜的碗中撒上適量薑絲，淋上壺底油精和水，放入電鍋，外鍋放半杯水蒸至跳起。

夏日雙拼

▍材　料
茄子2條、油少許、酪梨半個

▍沾　醬
蒜末1小匙、辣椒末1小匙、醬油1大匙、白醋2小匙、白芝麻油1小匙

▍做　法
1. 茄子切段，以少許油沾附表面，排在盤中，蓋上微波蓋。
2. 2條茄子強微波4分鐘（1條茄子3分鐘，2條茄子只要4分鐘；如果茄子較小，時間可以稍微縮短），取出放涼。
3. 酪梨4分切，去皮切塊，搭配茄子排盤。
4. 蒜末、辣椒加上醬油、白醋、白芝麻油調勻成沾醬搭配沾食。

醬燒茄子

▎材 料
茄子3條、蒜仁3粒、九層塔1把、太白粉水適量

▎調味料
醬油3大匙、白醋1大匙、糖1大匙、鹽1/4小匙

▎做 法
1. 茄子切去頭尾，切小塊，蒜仁拍成粗蒜末，九層塔摘葉。
2. 油鍋燒熱2碗油，油溫要高，茄子分2次入鍋炸至亮紫色撈出。油鍋盛起。
3. 在鍋底餘油內加入蒜末及調味料，開火炒出香氣，並以太白粉水收成濃芡
4. 九層塔加入拌炒，再下茄段炒勻即可盛盤。

義式涼茄

▎材 料
茄子2條、黃檸檬1個、九層塔葉少許

▎調味料
橄欖油2小匙、蜂蜜1大匙、鹽少許

▎做 法
1. 檸檬洗淨切薄片加蜂蜜拌勻醃放，至蜂蜜完全融化。
2. 茄子切段放在盤中，滾上薄薄一層油，即可加蓋保鮮膜和微波蓋入微波加熱4分鐘後取出放涼。
3. 取少許檸檬蜜加上鹽、橄欖油調勻，茄子、檸檬片、九層塔排盤，淋上檸檬油汁即成。

弄懂茄子，怎麼煮都漂亮

茄子要煮得漂亮，首先當然是挑選好品質的茄子，外表飽滿光亮，頭尾胖瘦盡量一致，拿起來搖晃富彈性。為什麼茄子經過烹煮會變色呢？基本原理如下：

白色茄肉飽含水分與氧化酵素，所以茄子一切開，暴露在空氣中，很快就產生鐵鏽色，因此煮茄子時下鍋前再切開，如果必須提前切，就要浸泡酸性水，抑制氧化。再者，紫色的皮層是花青素，天然的抗氧化物，但很容易流失在水中。

了解茄子的結構，阿芳要分享三個煮出漂亮茄子的做法。

阿芳最常用的快速做法，是將茄子切段排入平底鍋，立刻滾少許油水倒入，再加半杯水，蓋鍋開大火煮到沸騰，冒蒸氣續煮2分鐘熄火，開鍋後的茄子顏色亮澤，帶有煮熟的皺皮；遇到較胖身的茄子，可從中剖半切段，到油醋水中沾裹一下，茄肉切面朝鍋底，用同樣方法蓋鍋快煮。概念是加熱速度快，快到茄子來不及產生褐變就被煮熟，紫色的外衣也因沒有泡在水中，花青素沒有流失的機會，煮得快，一次煮到熟，就不會帶走美麗的色澤。

第二個做法是用不鏽鋼蒸煮鍋，也就是下面可以煮湯、上面有個蒸籠層可以蒸菜的湯鍋。先把茄子切段放入保鮮盒中，加入少許冷水、醋跟油搖一搖蓋著。趁蒸煮鍋的下層沸騰，鍋內充滿蒸氣時，取茄子排盤放入蒸籠層，立刻蓋鍋，不用5分鐘，開鍋就會看到鮮豔多汁的紫色茄盤。原理同樣是拌醋降低褐變的速度，沾油有保濕及快速吸熱升溫的作用，蒸氣高溫也會讓茄子快速煮熟。

第三個做法是用家裡方便的微波爐，把茄子切段，排放在盤中，滴上少許油，均勻抹在外皮上，蓋好微波蓋，2條茄子強微波4分鐘，拿出來同樣可做出漂亮的茄段，因為微波讓茄子的水分子快速產生撞擊加熱，在來不及氧化時已經被煮熟了，因此微波煮熟的茄肉特別白皙，刷上油的茄皮沒有機會浸在水氣中，花青素沒流失色澤當然漂亮。

綠咖哩茄柳

材　料
茄子2條、蒜末1大匙、糯米椒3-4根、綠咖哩塊2個、熱開水1杯

調味料
魚露1大匙

做　法
1. 茄子切滾刀塊，糯米椒切段，綠咖哩塊加魚露及熱開水融化。
2. 炒鍋加熱用油爆香蒜末，下茄子、糯米椒，加入3大匙水，蓋燜2分鐘。
3. 開鍋翻拌幾下即可起鍋盛盤，再淋上咖哩醬汁炒勻即成。

九層塔炒豆芽

材　料
綠豆芽半斤、蒜末1大匙、紅辣椒末少許、九層塔葉1大把

調味料
魚露1.5大匙、糖1/4小匙

做　法
1. 鍋熱少許油，下蒜末爆香，九層塔葉下鍋翻炒出香味。
2. 下豆芽以大火快速翻炒，從鍋沿加入魚露炒出香氣，加少許糖提味，豆芽斷生即可盛盤，不要過熟才能保持脆度。

油蔥拌豆芽

┃ 材　料
綠豆芽半斤、綠韭菜1小把、油蔥醬1.5大匙

┃ 調味料
鹽、柴魚粉各適量

┃ 做　法
1. 豆芽用清水洗淨瀝乾，韭菜切段搭配。
2. 以有蓋鍋子煮滾3杯水，加入豆芽、韭菜快速翻拌，豆芽過熱水，韭菜飄出香氣，即可把大部分的熱水倒掉。
3. 趁熱加入油蔥醬和調味料拌勻後盛盤。

【這個做法也可以單純只用韭菜來燙拌。】

韓式黃豆芽

┃ 材　料
黃豆芽1斤、蒜末2小匙、嫩薑絲1撮、辣椒圈隨意、青蔥花4大匙

┃ 調味料
白芝麻油3大匙、柴魚粉或雞粉2小匙、鹽適量

┃ 做　法
1. 黃豆芽放入鍋中，加冷水淹過，開火煮至沸騰。
2. 各式辛香料放在大盆中，加入調味料，沸騰的豆芽撈出趁熱放入盆中，用筷子快速翻拌均勻，放涼入味即可食用，也可放入冷藏保存當涼菜食用

醬油糖四季豆

▌材　料
四季豆1把、蒜末2小匙、水3大匙

▌調味料
醬油1大匙、糖2小匙、鹽1/4小匙

▌做　法
1. 四季豆摘掉老筋，對折成段。

2. 四季豆下鍋用1大匙油炒至油亮有熱度，再下蒜末繼續炒出香味，加水蓋鍋以中小火燜2分鐘。

3. 開蓋把水分炒乾，加入糖和鹽炒勻，最後加入醬油炒香。

氣炸乾扁四季豆

▌材　料
四季豆半斤、油1小匙、蒜末1大匙、蝦米2大匙、香菇3朵、水2大匙、乾蔥花3大匙

▌調味料
醬油1小匙，鹽、柴魚粉、白胡椒粉各適量

▌做　法
1. 四季豆摘去莢筋，洗淨瀝乾，拌上1小匙油，放入氣炸鍋以180℃氣炸10分鐘。

2. 各項配料切小碎末，香菇拌上少許醬油。

3. 以少許油爆香蝦米，下蒜末、香菇一起炒香，加入2大匙水稍微煮軟。

4. 氣炸的豆子加入翻炒出香氣，撒上鹽、柴魚粉、白胡椒粉，最後加青蔥花拌勻。

涼拌青木瓜

▍材　料

青木瓜1/4個、蒜仁3個、朝天椒1根、長豆2根、香菜1小把、脆花生2大匙、檸檬1個、小番茄3-4個

▍調味料

魚露3大匙、糖2小匙

▍做　法

1. 青木瓜刨皮去籽再刨成細長絲狀，長豆折成段，小番茄切對半，香菜切段，蒜仁切粒狀，朝天椒切段，檸檬擠汁。

2. 取一大碗盆，加入蒜粒、辣椒、長豆、花生，再下魚露及糖。

3. 先以擀麵棍敲擊材料入味，再加入木瓜絲以麵棍敲擊變軟。

4. 淋上檸檬汁，加入香菜、番茄丁拌勻即可盛盤。

口水菜

▍材　料

日本山藥1段，蔥花、柴魚片各少許

▍調味料

醬油1/4杯、米霖1/2杯、冷開水1/4杯、冰塊1/4杯

▍做　法

1. 山藥去皮，切成一口大小的薄片。

2. 調味料調成醬汁倒入碗中，並將山藥放入。

3. 食用時，撒上蔥花和柴魚即可。

【若使用國產山藥，切片好先汆燙再冰鎮漂涼。】

雪菜炒百頁

材　料

雪裡紅1把、百頁1疊、蒜仁2粒、水1杯、
小蘇打粉1/4小匙、熱水1杯

調味料

雞粉1小匙、鹽適量、白胡椒粉少許

做　法

1. 熱水加小蘇打粉調勻，百頁剪成6片加入略泡。

2. 待百頁變白撈出，再泡入熱水略燙後撈起。

3. 雪裡紅切碎，蒜仁拍末。

4. 熱鍋以2大匙油爆香蒜末，加入雪裡紅翻炒，再加入水還有百頁，拌入調味料炒勻。

具有獨特風味的雪菜

雪菜又稱雪裡紅，是用小芥菜或小油菜揉漬的淡鹹菜，可以用新鮮油菜或小芥
菜放袋中，加入鹽搓揉出水即成。醃漬後保有此類蔬菜特有的微辛嗆味，炒之
前要先泡水去鹹味，完全擰乾水分再切碎，用來炒豆干、炒筍片都很美味。

吃的是幸福也是感動——

水產類

香煎虱目魚肚

┃材　料
去刺虱目魚肚1片

┃調味料
鹽1/2小匙、白胡椒粉適量

┃做　法

1. 虱目魚肚以水快沖擦乾，以手抓鹽抹在魚肚兩面。
2. 炒鍋加熱，再放入1大匙油加熱，以鍋鏟托起魚肚，肉面向下先煎。
3. 蓋鍋以中火煎1分半鐘，爐火先熄，再開鍋，以鍋鏟托起魚肚翻面。
4. 蓋鍋再開中火，煎約2分鐘至油爆聲變小後先熄火（中間過程不開蓋防止油爆）。
5. 開蓋取出魚肚翻面，香酥皮面向上盛盤，趁熱撒上白胡椒粉提香。

肉先煎，再煎皮

虱目魚肚會油爆是因為擁有豐富膠質、水分和油脂，肉面向下讓溫度慢慢回到皮面，反彈的力道不會這麼強。翻面時先熄火再開蓋翻面，從鍋中起盤時一定魚皮朝上放，才不會因為水蒸氣讓魚皮軟了。

香煎魟魠魚

材　料
魟魠魚1片、辣椒1根、鹽1/2小匙

調味料
醬油2大匙、白醋1小匙

做　法

1. 魟魠魚以鹽抹勻，略放20分鐘。

2. 辣椒切小圈加入醬油、白醋調成辣椒醬油。

3. 鍋熱2大匙油，以鍋鏟放入魟魠魚。

4. 中火煎約2分半鐘，翻面再煎另一面同樣約2分半鐘。

5. 兩面金黃上色後，改大火升高油溫，將兩面各多煎一次，即可盛盤搭配辣椒醬油沾食。

惜福快速魟魠魚粥

盛碗白飯，把沒吃完的魟魠魚捏成碎丁放在飯上，撒上香菜末及胡椒粉，取一碗排骨湯加熱至沸騰，沖到飯碗中拌勻即成。

豆豉燴魚肚

▌材　料

去刺虱目魚肚1片、黑豆豉1大匙、蒜末2小匙、薑丁2小匙、紅辣椒末少許、青蔥段1小把、水1杯

▌調味料

醬油2大匙、米酒2大匙、糖1小匙

▌做　法

1. 各項辛香料切備妥當，黑豆豉用水快速沖洗，魚肚擦拭整理乾淨。

2. 以少許油爆香蒜末、薑丁、辣椒，下黑豆豉炒香，加入水和調味料一起煮開，下魚肚，澆淋湯汁後，蓋鍋以中火燜煮3-4分鐘。

3. 燒煮到湯汁產生濃郁感，加入少許米酒，投入蔥段熱出香氣即可盛盤。

和風燒魚肚

▌材　料

去刺虱目魚肚1片、白芝麻和檸檬汁適量

▌調味料

醬油2大匙、魚露2小匙、糖1小匙、米霖2大匙、米酒3大匙

▌做　法

1. 全部調味料放入鍋中調勻，魚肚放入沾裹均勻，皮面向下，開中小火先煮，搖鍋讓魚肚均勻受熱。

2. 中途翻面，煮到湯汁收濃，盛盤後撒上白芝麻、擠上檸檬汁食用。

調整鹹淡合口味

市售的魚肚有大有小，有時候買的魚肚比較小，可將調味料減量。

樹籽清蒸魚

▌材 料

鮮魚1份、薑絲1小撮、醃漬樹籽2-3大匙、青蔥花3大匙

▌調味料

醬油2小匙、魚露2小匙、糖1小匙、米酒2大匙、白芝麻油1大匙

▌做 法

1. 魚洗淨，背部厚肉的部位用刀劃開，在盤中排上薑絲，擺上魚，上面再放少許薑絲。

2. 醃漬樹籽加上調味料調成蒸魚醬汁淋在魚上，移入沸騰蒸鍋，旺火煮10分鐘；也可以使用加水沸騰的電鍋蒸魚，約蒸12-15分鐘可蒸熟。

古早味五柳枝

▌材 料

鮮魚1條、蒜末3大匙、紅辣椒少許、洋蔥1/4個、黑木耳2片、紅蘿蔔1段、熟竹筍1小塊、香菜1小把、水2杯、地瓜粉1/2杯、地瓜粉水適量

▌調味料

鹽1/2小匙、白胡椒粉1/4小匙、糖1大匙、烏醋4大匙

▌做 法

1. 雙面魚身以斜刀各劃出2刀，魚身沾上地瓜粉略放5分鐘。各項材料切條絲狀。

2. 起油鍋將魚入鍋炸至兩面金黃香酥撈出，魚身撒上胡椒粉提香，油鍋盛起。

3. 以鍋中餘油爆香蒜末、洋蔥絲，再下各項料絲略炒後加入水煮開，並以鹽、糖、胡椒粉調味，再以地瓜粉水勾芡。最後加入烏醋帶出酥香味，熄火前將香菜段加入，淋至炸魚身上。

和風甘露魚

材 料

秋刀魚、鯖魚或鰹魚類1份、嫩薑絲1小撮、水1杯

調味料

醬油2大匙、糖1大匙、米霖2大匙、白醋3-4大匙

做 法

1. 嫩薑絲用冷開水先浸泡。

2. 魚切段或切片，放進鍋中，加入調味料、水，蓋鍋以中小火慢慢煮至湯汁收乾，過程中可翻動2-3次幫助入味，湯汁收乾即可放置降溫。

3. 盛盤後搭配嫩薑絲一起食

豆醬燜魚頭

材 料

虱目魚頭6-8個、醃漬鳳梨醬1/2杯、蒜仁粒2大匙、薑片3-4片、紅辣椒段1根、水2杯

調味料

醬油2小匙、米酒2大匙、油1大匙

做 法

1. 魚頭洗淨排放在鍋中，加入全部調味料及蒜仁、薑片、辣椒，再加水平淹魚頭，蓋鍋開火全程用中小火煮20分鐘。

2. 熄火後不要立刻開蓋，放置燜泡15分鐘，食用時可重新開火沸騰。

檸香鹽烤魚下巴

▌材　料

魚下巴3-4個、檸檬適量

▌調味料

油1小匙、鹽1小匙、胡椒鹽少許

▌做　法

1. 盆中放入油和鹽拌勻，再放入魚下巴翻拌均勻。

2. 魚下巴排在防沾烤盤上，入烤箱或氣炸鍋用200℃火力烘烤12-15分鐘。

3. 取出盛盤，搭配胡椒鹽、擠上檸檬汁食用。

剁椒蒸魚下巴

▌材　料

魚下巴1包、酸剁椒2-3大匙、板豆腐1盒、蒜末2大匙、薑末2大匙、青蔥花1小把

▌調味料

白芝麻油2大匙、魚露1.5大匙、醬油1大匙、糖1小匙、紹興酒2大匙

▌做　法

1. 豆腐用手撥碎放在深盤中，魚下巴排在豆腐上。

2. 用白芝麻油爆香蒜末、薑末，再下剁椒炒出香味，加入其餘調味料調成醬汁，把醬汁淋在魚下巴上。

3. 魚盤移入電鍋或蒸鍋蒸15分鐘，撒上蔥花即可出鍋。

【 酸剁椒做法參見《阿芳的手做筆記》P. 69 】

辣椒醬油香酥魚

材 料
白帶魚或小海魚半斤、地瓜粉3-4大匙

調味料
鹽、胡椒粉各少許

沾 醬
辣椒末1大匙、蒜末1小匙、蔥花或香菜末1
小把、醬油1.5大匙、白醋2小匙

做 法

1. 魚洗淨瀝乾,先拌上少許鹽,再沾上地瓜粉放置5分鐘讓粉反潮。

2. 辣椒末加上蒜末以醬油、白醋調勻,再拌入蔥花或香菜末成為沾醬備用。

3. 鍋中加熱2杯油,投入地瓜粉粒測試油溫,產生快速油泡表示達魚塊下鍋不會粘黏或脫粉的溫度,即可把魚塊放入,以中火炸至微上色的香酥狀,可先撈出。

4. 用撈網撈去油中的粉渣,升高油溫,魚再下鍋快速回炸一次,撈出呈香酥狀。

5. 趁熱撒上胡椒粉,搭配沾醬一起食用。

醬油糖吳郭魚

▌材　料

吳郭魚1-2條、蒜仁3粒、紅辣椒1根、青蔥2
根、水1杯

▌調味料

醬油3大匙、糖1.5大匙、鹽適量、米酒1大匙

▌做　法

1. 吳郭魚洗淨，擦乾水分對切成2段。

2. 蒜仁拍切成粗蒜粒，辣椒切段，青蔥切段備用。

3. 空鍋先熱再加油燒熱，下魚塊以中大火炸至色澤金黃呈香酥狀先撈出，用撈網攪動撈淨鍋中
   雜質，同時升高油溫。

4. 魚重新回鍋做回炸搶酥的動作，即可撈出排盤。

5. 油倒出用濾網過濾，炸過的油可以用於炒菜。

6. 利用鍋中少量餘油，爆香蒜粒，加入水煮出香味，從鍋沿淋下醬油產生香氣，加糖、鹽調
   味，加入1大匙米酒掉香，投入辣椒、蔥段即可熄火。

7. 把湯汁淋在炸酥的吳郭魚盤上即成。

鹽水灼白蝦

│材　料

A. 新鮮白蝦1斤、蔥段3-4根、薑絲1小撮 、米酒2大匙、鹽1/2小匙

B. 薑泥1小匙、朝天椒少許、白醋2大匙、糖1大匙

│做　法

1. 燒開2杯水，加入蔥段、薑絲、鹽調勻，將沖水解凍後的蝦子放入翻拌至八至九成變紅，湯水沸騰後加入米酒，加蓋熄火泡燜2分鐘。

2. B項材料調成薑醋。

3. 開鍋蝦子，一部分可盛盤，搭配薑醋食用；一部分可做「杞香醉蝦」。

杞香醉蝦

│材　料

A. 新鮮白蝦1斤、蔥段3-4根、薑絲1小撮 、米酒2大匙、鹽1/2小匙

B. 枸杞2大匙、川芎3-4片、魚露1大匙、紹興酒3大匙

│做　法

1. 同「鹽水灼白蝦」步驟一的做法。

2. 開鍋蝦子一部分可盛盤搭配薑醋，另一部分撈出放入保鮮盒。

3. 枸杞、川芎放入煮蝦水中，一起重新煮滾，撈出放入蝦盒中，再加上紹興酒、魚露調味即成。

日式蚵串

材　料

鮮蚵10兩、麵粉3大匙、蛋1個、麵包粉1杯、番茄醬和鹽適量

做　法

1. 鮮蚵用鹽輕手抓拌，摸出沒有挖乾淨的牡蠣殼，倒在漏網中用水快速沖洗，瀝除水分。

2. 用鐵炮竹籤從牡蠣貝柱的地方串入。

3. 先沾上麵粉再掛上蛋汁，最後沾裹麵包粉。

4. 入溫熱油鍋以中火炸至金黃，起鍋前改大火逼油，出鍋排盤搭配番茄醬沾食。

蔭豉蚵

材　料

鮮蚵半斤、盒裝豆腐1盒、蒜末1大匙、薑末1大匙、紅辣椒末少許、蔥段和蔥花適量、黑豆豉1大匙、水半杯、太白粉水適量

調味料

醬油膏2大匙、米酒1大匙、糖1/4小匙、白芝麻油1小匙

做　法

1. 豆腐切丁，辛香料切備妥當，黑豆豉先用少許水清洗。

2. 小鍋燒開1杯水，蚵仔下鍋攪拌立刻熄火，瀝乾水分備用。

3. 起鍋以1大匙油爆香黑豆豉，蒜末、薑末、辣椒末、青蔥白段炒香，加入水、醬油膏、米酒、糖、豆腐丁一起煮滾，以太白粉水勾芡，加入蚵仔推炒，熄火前加入蔥花及香油拌炒均勻。

香酥魚柳

材料

鬼頭刀魚肉1斤（亦可用無刺魚肉）、地瓜粉1/2杯、糖醋黃瓜片適量

醃料

蒜泥2小匙、醬油1大匙、魚露2小匙、米酒1大匙、蛋1個、白胡椒粉1/8小匙、蓬萊米粉3大匙

調味料

胡椒鹽適量

做法

1. 魚肉切粗條長段，用醃料拌勻後放入冰箱冷藏醃放30分鐘。

2. 取醃好的魚柳再翻拌兩下，沾裹上地瓜粉，放置5分鐘反潮。

3. 油鍋加熱至中熱油溫，下魚條炸至表面酥黃定型即可起鍋。

4. 油鍋繼續保持爐火加熱，用濾網把鍋內粉渣撈淨同時升高油溫。

5. 魚塊重新回鍋炸約20秒，即可呈現香酥不含油的狀態，撈出撒上胡椒鹽，盛盤搭配糖醋黃瓜食用。

生炒小卷羹

材　料

鮮凍小卷1盒、蒜末1大匙、辣椒末少許、洋蔥1/2個、青蔥段1小把、紅蘿蔔片10-12片、高麗菜2-3葉、熱水2杯、太白粉水適量

調味料

柴魚粉1小匙、鹽1/2小匙、糖1小匙、烏醋3-4大匙

做　法

1. 青蔥切段，洋蔥切絲，高麗菜切片。

2. 小卷解凍清腸肚，切小圈狀，太白粉水調勻備用。

3. 熱少許油爆香蒜末、辣椒、洋蔥，下紅蘿蔔片略炒，加入熱水，用柴魚粉、鹽、少許糖調味，投入高麗菜後，即可用太白粉水勾芡。

4. 羹湯變濃完全沸騰後投入小卷，推炒至小卷變白，加入烏醋炒出香味，撒上蔥段拌勻即可盛碗。

健康版鳳梨蝦球

▌材 料

白蝦半斤、蛋白1/2個、酪梨1/2個、糖水鳳梨1杯、無糖優格2大匙

▌醃 料

鹽1/2小匙、蛋白1/2個、油1小匙、太白粉1小匙

▌調味料

鹽、白胡椒粉各適量

▌做 法

1. 蝦子去殼留尾,由背部劃刀,挑去腸泥。

2. 用鹽抓揉蝦子約2分鐘,放到水龍頭下用活水沖洗至蝦肉變透明,瀝乾水分後,以紙巾擦乾蝦子表面。

3. 加入蛋白跟油抓拌蝦子至蛋白變成口水泡沫狀,再加入太白粉拌勻,即可放入冰箱冷藏冰鎮15分鐘。

4. 冰鎮後的蝦仁可用水汆燙的方式,也可用少量的油翻炒至顏色完全變紅後盛出。

5. 酪梨切丁加上鹽、白胡椒粉略拌產生黏稠感,取代傳統沙拉醬的油脂,加入糖水鳳梨,翻拌成沙拉狀,再拌入蝦球。

6. 盛盤後在上方加入2大匙的無糖優格,拌勻食用。

蝦子爽脆處理法

▌料理小常識

蝦子具有滿滿的蛋白質，裹上蛋白和粉料，會讓炸出來的蝦球具有厚度又酥脆。而蛋黃本身富含油脂，如果將蛋白和蛋黃一起加入攪拌，會產生乳化的效果，蝦子的口感就會比較鬆軟不脆口。

▌分解步驟：

1. 蝦子去殼留尾，由背部劃刀再挑去腸泥。
2. 用鹽抓揉蝦子約2分鐘。
3. 放到水龍頭下用活水沖洗至蝦肉變透明。
4. 瀝乾水分後，以紙巾擦乾蝦子表面。
5. 加入蛋白跟油抓拌蝦子至蛋白變成口水泡沫狀。
6. 再加入太白粉拌勻，放到冰箱冰鎮15分鐘。

起司蝦球

▍材 料

白蝦8-10隻、洋蔥1/2個、蒜末1大匙、鴻喜菇1盒、秋葵5-6根、玉米筍3-4根、水1.5杯、奶水1/2杯、玉米粉水2-3大匙、起士片2片

▍醃 料

鹽1小匙、蛋白1/2個、油1/4小匙、太白粉1小匙

▍調味料

雞粉、鹽、白胡椒粉各少許

▍做 法

1. 蝦子剝殼留尾、開背去腸泥，蝦殼留用。

2. 蝦子用醃料的鹽抓拌，放進濾網用活水沖洗，沖至蝦肉變透明脫鹹，擦乾蝦子外表水分，拌油及蛋白抓到起泡，再拌上太白粉，移入冰箱冷藏15-20分鐘。

3. 各項時蔬配料切適口大小。

4. 用油爆香蒜末，下蝦殼翻炒，再加入水一起煮滾，撈除蝦殼留下高湯。

5. 各項時蔬放入湯中煮滾，加入奶水，用雞粉和鹽調味。

6. 放入蝦子，慢慢下玉米粉水推炒至蝦子顏色變紅，湯水成濃湯狀，加入起司片煮融，撒上白胡椒粉即可盛盤。

蘆筍炒蝦球

材料
鮮蝦仁4-6兩、蘆筍1把、青蔥1根、嫩薑1小段、水2大匙、太白粉水少許

醃料
鹽1小匙、蛋白1/2個、油1/2小匙、太白粉1小匙

調味料
鹽、雞粉、米酒各少許

做法

1. 蝦子去殼留尾，由背部劃刀挑去腸泥。

2. 蝦子用醃料的鹽抓拌，放進濾網用活水沖洗，沖至蝦肉變透明脫鹹，擦乾蝦子外表水分，拌油及蛋白抓到起泡，再拌上太白粉，移入冰箱冷藏15-20分鐘。

3. 薑切片丁，青蔥切小粒分開蔥白和蔥綠，蘆筍切段。

4. 以少許油先將蝦仁炒至七分熟盛出，原鍋再下少許油，爆香薑丁、蔥白，下蘆筍和水，推炒幾下加入調味料，並用太白粉水勾薄芡，推炒至蘆筍變翠綠，蝦仁回鍋，加入蔥綠拌炒均勻即可盛盤。

蝦仁烘蛋

▌材　料

蝦仁150g、蛋3-4個、油1小匙、青蔥花4大匙

▌醃　料

鹽1/2小匙、蛋白2大匙、油1/4小匙、太白粉1小匙

▌調味料

魚露1小匙、白胡椒粉少許

▌做　法

1. 蝦仁開背用醃料的鹽抓拌，放入濾網用水沖洗至蝦仁變透明，拭乾蝦仁表面水分，加上蛋白、油抓拌至起泡，再拌入太白粉。

2. 蛋加上蔥花、調味料打散。

3. 蝦仁入不沾鍋用少許油炒到八分熟，倒回蛋液中。

4. 鍋中重新加少許油，下蝦仁蛋液，蓋鍋以小火煎至底部熟化定型，蓋上一個盤子，鍋子翻面扣出，再把扣在盤上的烘蛋滑回鍋中，即可輕鬆安全翻鍋。

5. 另外一面繼續用小火烘煎，可加蓋加速熟化，煎至蛋片膨脹，撒上少許白胡椒粉即可滑到盤中。

牡蠣烘蛋

▌材　料

鮮蚵4兩、蛋2-3個

▌調味料

魚露1/2小匙、米酒1小匙、油1大匙

▌做　法

1. 燒開半杯水，牡蠣放入快速攪拌即可倒出瀝乾。

2. 蛋加調味料打散。

3. 熱鍋中另外熱2大匙油，倒入蛋液，搖鍋成圓片，撒上牡蠣，蓋鍋以小火略煎。

4. 周圍定型開始呈焦色飄香，蓋上圓盤翻鍋倒出烘蛋，再滑回鍋中，重新加蓋略烘2分鐘，見蛋膨起變厚即可盛盤，可搭配番茄醬沾食。

鮮蒸牡蠣

▌材　料

A. 帶殼牡蠣 1份、水1/2杯

B. 蒜末2小匙、紅番茄丁1杯、魚露2大匙、檸檬汁2大匙、糖2小匙、香菜末1小把

▌做　法

1. 材料B調成風味醬。

2. 帶殼牡蠣放在鍋中，加入1杯水蓋鍋開火煮至沸騰後，再多煮3分鐘。

3. 開鍋取出開口牡蠣，尚未開口的牡蠣可以再蓋鍋重新開火煮至開口。

4. 撥開的牡蠣可吃原味，亦可搭配風味醬。

五味軟絲

材　料

軟絲1隻、青蔥段2-3根、薑片3-4片

五味醬

蒜末2小匙、辣椒末1小匙、香菜末2大匙、番茄醬2大匙、醬油膏1大匙、糖1小匙、白芝麻油1小匙

調味料

鹽1小匙、米酒1大匙

做　法

1. 五味醬調勻備用。

2. 軟絲開肚洗淨，在內面劃刀紋，斜刀切片。

3. 以2杯水加入蔥段、薑片一起煮開，加入1小匙鹽，放入軟絲快燙，變白翻捲即可加入米酒，快速撈起不要久煮。燙熟軟絲搭配五味醬沾食。

白灼透抽

材　料

鮮凍透抽1份、蔥段2根、薑絲5-6根、薑泥1大匙、冷開水少許

調味料

鹽1/2小匙、醬油少許、糖2小匙、白醋1大匙

做　法

1. 鍋中加入蔥段、薑絲、2杯水煮至沸騰，再加入鹽調化。

2. 透抽不要過度解凍，在尾端稍微劃開口，用水沖洗乾淨後立刻下鍋，煮至透抽捲起先撈出，鍋中的水重新煮沸，再把透抽下鍋汆燙至顏色變白皮衣翻紅，即可加入米酒提香，把透抽取出。

3. 薑泥加少許冷開水調出薑汁，分為2份，1份加上醬油做鹹口調味，另1份加上糖及白醋為糖醋味的沾醬。

4. 降溫後的透抽切小圈搭配沾醬食用。

辣椒小魚干

▌材　料

丁香魚2兩、青辣椒7-8根、紅辣椒1根、蒜仁3粒、黑豆豉2大匙、脆花生3大匙、油2大匙

▌調味料

鹽1/4小匙、米酒1大匙

▌做　法

1. 丁香魚以水快沖瀝乾，辣椒斜切片，蒜仁切片，黑豆豉以水略沖瀝乾。

2. 鍋中放入2大匙油，下丁香魚及蒜片，慢慢翻炒至小魚干變金黃色先盛起。

3. 原鍋以少許油爆香黑豆豉，下辣椒片炒香，加入調味料拌炒，再下小魚干、脆花生炒勻盛盤。

檸檬蒸魚

▌材　料

鱸魚魚片1片（約1斤）、蒜末1大匙、紅辣椒末1小匙、香菜末1小把、檸檬1/2個

▌調味料

魚露2大匙、糖2小匙、熱開水1/2杯

▌做　法

1. 將蒜末、辣椒和魚露、糖、熱開水調勻，淋在魚片上。

2. 移入沸騰蒸鍋，以旺火沸水，大火蒸約7-8分鐘。

3. 出鍋前擠上檸檬汁，撒上香菜末即成。

麥年煎魚

┃ 材　料
白肉魚片2片、蛋1個、麵粉2大匙、生菜適量

┃ 調味料
鹽1/4小匙、白胡椒粉少許

┃ 做　法
1. 生菜切段放入保鮮盒加冷開水搖過，倒去水分移入冰箱冷藏。
2. 魚肉斜刀切片，加入鹽、白胡椒粉抓勻，再拌上乾麵粉。
3. 蛋打散，平底鍋熱少許油，魚片沾上蛋汁，入鍋煎至蛋呈金黃色，發出蛋香即可盛盤，可搭配生菜食用。

肉餅蒸鮮魚

┃ 材　料
午仔魚1條、絞肉3兩、蒜泥1小匙、水3大匙、薑絲1小撮、青蔥花3大匙

┃ 調味料
A. 醬油2大匙、米酒2大匙、白芝麻油1大匙、白胡椒粉少許
B. 魚露1大匙、米酒1大匙

┃ 做　法
1. 絞肉加上蒜泥、調味料A，順向攪拌成肉泥，鋪在蒸魚盤上。
2. 洗淨的午仔魚放在肉泥上，淋上魚露、米酒，移入蒸鍋以旺火蒸10-12分鐘。
3. 開鍋撒上蔥花，燜10秒即可上桌。

起司魚皮捲

▌材　料

虱目魚皮1/2斤、起司片4片、太白粉少許、奶油少許、檸檬適量、竹籤

▌調味料

蒜泥1/2小匙、鹽少許、黑胡椒粒少許、水1大匙、油1小匙

▌做　法

1. 起司片對切成3條；魚皮對切，用調味料拌醃。

2. 魚皮皮面拍上太白粉，起司排在魚皮上方翻捲呈棉被狀，收口壓在下方。

3. 不沾鍋放少許奶油，魚捲入鍋煎至兩面金黃。用竹籤試探，可輕鬆穿過表示熟透。

4. 用魚捲把融出的起司相互沾裹在魚捲表面，取出排盤。擠上檸檬汁有提香的效果。

魚肚茄綿串燒

▌材　料

去刺虱目魚肚1片、茄子1-2根、竹籤、炒香白芝麻少許、檸檬少許

▌調味料

醬油膏1大匙、米霖2大匙、烏醋1小匙

▌做　法

1. 虱目魚對切再橫刀切成手指寬的條狀，茄子切成魚肚寬度的長段，再剖切成3片。

2. 取茄子夾上魚肚，貼上茄子，以此排列4茄3魚肚，用竹籤從兩頭串排。

3. 調味料調勻成醬汁。

4. 魚肚串放進不沾鍋兩面煎熟，刷上醬汁烤出香氣，撒上白芝麻，盛盤後從中對剪，擠上檸檬汁食用。

燒烤鹽水蝦

材料

鮮凍白蝦1斤、鹽6大匙、冷開水1000ml、竹籤

做法

1. 鮮凍白蝦用水沖淋至半解凍狀態,瀝乾水分,用竹籤從尾端串直。

2. 冷水加鹽放在直立的玻璃瓶中。

3. 蝦子放入濃鹽水中浸泡,取出放到烤盤上烤熟即成。

洋蔥胡椒蝦

材料

洋蔥1大顆、白芝麻油3大匙、鮮凍白蝦1斤、蒜末5大匙

調味料

醬油膏1.5大匙、黑胡椒粒2小匙、肉桂粉1/2小匙、五香粉1/4小匙、米酒1/2杯

做法

1. 洋蔥切絲,調味料調勻成醬汁。

2. 用2大匙白芝麻油爆香1大匙蒜末及洋蔥絲,斷生即可盛起。

3. 原鍋下白芝麻油,加入其餘蒜末爆香,加入蝦子翻炒至七分熟,加入醬料後開大火不斷翻炒,至湯汁收乾,熄火前加入原先盛起的洋蔥提香。

蒜蓉鮮菇鯛魚燒

材　料

鯛魚片1片、金針菇1包、蒜末2大匙、奶油2小匙、蔥花少許

調味料

水4大匙、醬油膏1大匙、黑胡椒粒少許

做　法

1. 金針菇切段鋪放在燒烤鋁箔盒中，鯛魚片斜刀切片鋪放在金針菇上。

2. 用少許油爆香蒜末、黑胡椒，加入醬油膏、水、奶油一起調勻，把香蒜汁淋在魚片上，撒上蔥花，蓋上鋁箔紙，放到爐上，加熱至完全沸騰煮熟。

九層塔炒蛤蜊

材　料

蛤蜊1斤、九層塔1把、青蔥1根、蒜仁3粒、薑1小塊、紅辣椒1根、太白粉水適量

調味料

醬油膏3大匙、米酒2大匙

做　法

1. 蛤蜊以鹽水浸泡吐沙後洗淨瀝乾。

2. 青蔥切小段，蒜仁拍成粗末，薑剁成粗末，辣椒切成小段，九層塔摘葉。

3. 起鍋以1大匙油爆香蔥段、蒜末、薑、辣椒，放入蛤蜊炒出溫度，淋上米酒，蓋鍋燜約2分鐘。

4. 開鍋見七、八成蛤蜊開口，加入醬油膏、九層塔葉，邊翻炒邊將太白粉水加入，炒出醬芡沾於蛤蜊上即可盛盤，未開蛤蜊繼續回鍋炒至開口。

ト ト 蛤 蜊 鍋

材　料

文蛤2斤、雞胸肉半付、蒜末3大匙、紅辣椒1根、大白菜1大把、蒟蒻絲1把、絲瓜1/2條、小黃瓜1根、水2杯

調味料

A. 白芝麻油1大匙、醬油1大匙、太白粉1小匙

B. 白芝麻油1大匙、蠔油1.5大匙、米酒3大匙

做　法

1. 各項蔬食配料洗切備妥，雞胸肉切片用調味料A拌勻。

2. 燒開2杯水，放入雞胸肉片燙至八分熟撈起，湯水留做高湯。

3. 取一寬平大鍋，用白芝麻油爆香蒜末，加入蠔油炒香。

4. 再倒入雞肉高湯，排入白菜、絲瓜、蒟蒻絲，鋪上蛤蜊，撒上小黃瓜片及紅辣椒圈、淋上米酒，煮至沸騰、蛤蜊開口即可食用，亦可續煮，邊煮邊吃。

鹽烤台灣鯛

▌材　料

A. 帶鱗台灣鯛1條、帶皮蒜仁6-8粒、薑片3-4片、香茅與斑蘭葉各適量（不用亦可）

B. 麵粉1/4杯、鹽1杯、水適量

C. 蒜末、辣椒末、香菜末各少許，檸檬汁2大匙、魚露2大匙、糖2小匙、冷開水2大匙

▌做　法

1. A料中的辛香料略拍放進魚腹中，香茅直接插放在魚口部位。

2. 麵粉和鹽攪拌均勻，再加適量水調成泥巴狀。

3. 烤盤鋪上鋁箔紙，放上少許鹽泥巴，擺上魚，再用鹽泥巴蓋滿。

4. 移入烤箱以最強250℃的火力，烘烤25-30分鐘。

5. C料調成沾醬，烤熟的魚敲破外層鹽巴、剝去魚皮，淋上沾醬即可食用。

變化做法

若買到去鱗去鰓去內臟的三去鮮魚，可用同樣調味，改以鋁箔紙加上烘焙紙把魚和調料包好，入烤箱烤熟成紙包魚。

鮮蝦冬粉煲

材 料

大白蝦半斤、青蔥段1小把、薑片丁3大匙、鴻喜菇1盒、冬粉2-3紮、蛋3-4個、水2杯、白芝麻油2大匙

調味料

蠔油3大匙、糖1小匙、米酒2大匙

做 法

1. 蝦子剪去腳鬚，冬粉用冷水泡軟略剪小段。

2. 蝦子下鍋用油煎出香味先夾出。

3. 原鍋以少許油爆香薑片丁、蔥白，下蠔油炒香，加入水、其餘調味料和鴻喜菇一起拌炒均勻，再加入蝦子及冬粉，打上雞蛋即可蓋鍋略煮3分鐘。

4. 青蔥加入白芝麻油略翻拌備用。

5. 開鍋夾出蝦子排在表面，放上青蔥段，蓋鍋燜10秒即成；也可以更換砂鍋，加熱後，再燜蔥上桌。

暖心又暖胃──

實用湯品

天天都有好湯：某某排骨湯

對於愛喝湯的阿芳，在準備做飯的思考模式上，是先想今天要煮什麼湯。但是在這個料理筆記中，湯篇的內容不重，就是因為有著這一個「某某排骨湯」。

一般家庭只要準備好預先汆燙處理、洗淨冷凍的排骨塊，在不同的季節搭配不同的食材，就能夠有不同的變化，一年四季都有好喝的排骨清湯可以喝。

夏天竹筍排骨湯、冬瓜排骨湯、金針排骨湯、玉米排骨湯、菱角排骨湯；秋天蓮藕排骨湯、山藥排骨湯、牛蒡排骨湯；到了冬天用盛產的白蘿蔔煮出飄香又清澈的蘿蔔排骨湯，還能夠加上貢丸、魚丸做各種變化，也能夠在煮湯的過程加入小魚乾、福菜這類食材。方便的冷凍排骨，跟誰一起煮湯都會是好朋友。

煮湯排骨的選擇，有軟嫩帶肉的小排骨，也可以選擇骨多肉少的龍骨排。汆燙的原則，骨多的就冷水下鍋，煮到沸騰才能把骨頭的血沫煮乾淨；肉多的小排骨，放到沸水裡快速汆燙就能夠拿出洗淨，瀝乾後包好放冷凍，小家庭分量一次5-6小塊，配個食材就是有無窮變化的某某排骨湯。

蘿蔔排骨湯

▎材　料

白蘿蔔1條、排骨肉5-6塊、冷水6杯、香菜1小把

▎調味料

鹽適量

▎做　法

1. 白蘿蔔削皮切塊。

2. 排骨放入冷水鍋汆煮，煮出血水雜質後，撈出洗淨。

3. 將白蘿蔔和排骨投入冷水鍋中，開火煮至沸騰，加蓋改小文火煮10分鐘。

4. 熄火再多燜20分鐘。食用時，以鹽調味，加上香菜末提香。

竹筍排骨湯

▌材　料
竹筍1根、排骨肉5-6塊、冷水6杯

▌調味料
鹽適量

▌做　法
1. 竹筍剝殼削去老皮，切成薄片和滾刀片。
2. 排骨汆燙後洗淨。
3. 將竹筍和排骨投入冷水鍋中，蓋鍋開火煮至沸騰，改小火煮20分鐘。
4. 熄火再多燜10分鐘。食用時以鹽調味即成。

苦瓜排骨湯

▌材　料
苦瓜1條、水8杯、粗排骨5-6塊、薑3-4片

▌調味料
鹽適量

▌做　法
1. 苦瓜對剖，刮去囊籽，刮除內膜，切成大塊。
2. 排骨汆燙後洗淨。
3. 全部材料放入電鍋內鍋，外鍋加入1杯半的水燉煮，待電鍋跳起，食用前加入適量的鹽調味即可。

櫛瓜香菇雞湯

┃材　料

雞腿切塊2隻、鈕扣菇15-20朵、水5杯、櫛瓜1根

┃調味料

鹽適量

┃做　法

1. 雞腿略汆燙洗淨，鈕扣菇摺去菇蒂，加水一起入鍋。

2. 蓋上鍋蓋，開小文火慢慢從冷水煮至完全沸騰，湯汁變清澈，香菇脹大浮在湯面上。

3. 櫛瓜對切，改刀切成薄片，食用前加入香菇雞湯中，以鹽略為調味即成。

家常雞湯

┃材　料

土雞切塊半隻、水6-7杯、脫膜蒜仁5-6粒、枸杞2大匙、紅棗6-8粒、山藥1段、大白菜葉4-5葉

┃調味料

魚露1大匙、鹽適量

┃做　法

1. 土雞塊用滾水快速汆燙後撈出洗淨。

2. 土雞塊加水、蒜仁一起入鍋，加蓋以小火慢慢煮至沸騰，加入山藥、枸杞、紅棗，加蓋以小火煮10分鐘。

3. 加入白菜葉，以魚露和鹽調味，續以小火煮至沸騰。

鳳梨苦瓜雞湯

材　料

土雞切塊半隻、苦瓜1條、薑片7-8片、醃漬鳳梨醬1/2杯、水4-6杯、小魚乾1小把

調味料

米酒2大匙

做　法

1. 雞肉用滾水快速氽燙洗淨。

2. 苦瓜對剖，刮去囊籽，刮除內膜，切大塊加上水、小魚乾、鳳梨醬一起煮至沸騰。

3. 加入雞肉及薑片，蓋鍋用小火煮5分鐘，食用前加入米酒提香。

黃瓜丸子湯

材　料

大黃瓜半條、水5-6杯、丸子適量

調味料

鹽、雞粉、白芝麻油各少許

做　法

1. 大黃瓜去皮切大塊，加水一起入鍋煮至沸騰，熄火略燜10分鐘。

2. 開飯前重新煮沸黃瓜水，加入丸子一起煮滾並略加調味，盛碗後滴上白芝麻油提香。

冬瓜蛤蜊湯

┃ 材　料

冬瓜1圈、蛤蜊1斤、水4杯、薑絲1小把

┃ 調味料

魚露1大匙、米酒1大匙、白芝麻油少許

┃ 做　法

1. 冬瓜削皮切塊，加2杯冷水一起煮至沸騰，蓋鍋熄火略燜5分鐘。

2. 再加入2杯冷水重新開火煮至沸騰，加入蛤蜊改小火慢慢煮至開口，加入調味料，熄火前加入薑絲，滴上白芝麻油。

清香蚵仔湯

┃ 材　料

鮮蚵半斤、水5杯、薑1段、九層塔5-6葉、青蔥1根

┃ 調味料

雞粉1/2小匙、鹽適量、米酒2大匙、香油1/4小匙

┃ 做　法

1. 薑切細絲，青蔥切蔥花，九層塔摘葉，鮮蚵以鹽輕抓沖水瀝乾。

2. 小鍋先煮開2杯水，蚵仁放入快速煮至定型，先撈出攤在盤上。

3. 再加3杯水入鍋，連同薑絲一起煮滾，加入調味料，熄火前加入蚵仁及九層塔葉、蔥花即成。

番茄蛋花湯

┃ 材　料

紅番茄1-2個、水3杯、蛋2個、青蔥花1小把、白芝麻油少許

┃ 調味料

柴魚粉、魚露、鹽適量

┃ 做　法

1. 番茄對切再切成薄片狀，加水一起入鍋煮滾，再略煮2-3分鐘讓番茄出味。
2. 用調味料先做調味，改大火，蛋打散加入煮成嫩蛋花，投入蔥花，滴上白芝麻油。

味噌豆腐蛋花湯

┃ 材　料

家常豆腐1盒、味噌4大匙、水6杯、蛋1個、青蔥3根

┃ 調味料

米霖3大匙

┃ 做　法

1. 青蔥切蔥花，豆腐切丁，味噌以米霖調軟，蛋打散備用。
2. 豆腐加水煮至水滾、豆腐丁浮起，再加入味噌水。
3. 打入蛋拉成蛋花，食用時加入蔥花。

（味噌不要煮過度才能保持香氣。喜歡細蛋花的口感，蛋一下鍋就直接拌！如果喜歡有口感的蛋片，下鍋不要拌，蛋會自然浮起成為片狀。）

酸辣湯

材 料

青蔥3根、黑木耳2片、紅蘿蔔1段、金針菇1把、豆腐1塊、蛋2個、水5杯、太白粉水適量

調味料

醬油1大匙、雞粉1/2小匙、鹽適量、黑胡椒粒1小匙、白醋4-5大匙、香油1大匙

做 法

1. 青蔥2根切蔥花，1根切段，各項材料切絲，蛋打散。

2. 以2大匙油爆蔥段至焦黃，加入水煮滾，夾出蔥段。

3. 以醬油、雞粉、鹽、黑胡椒粒調味，各項料絲加入湯中，煮至沸騰，以太白粉水勾芡。

4. 加入蛋汁拉成蛋花，熄火前加入白醋、香油，盛碗後撒上蔥花。

無麩玉米濃湯

材 料

罐頭玉米粒1罐、玉米醬1罐、水6杯、奶水1杯、蓬萊米粉3-4大匙、起司片3片

調味料

鹽、雞粉各適量，白胡椒粉少許

做 法

1. 水加上玉米粒、玉米醬、奶水一起煮至沸騰。

2. 蓬萊米粉加少許水調成粉水狀。

3. 玉米湯中加入調味料，再以蓬萊米粉水勾芡，熄火前加入起司片煮至融化，食用時撒上白胡椒粉提味。

牛肉玉米羹

材料
牛絞肉半斤、甜玉米粒1罐、水5杯、玉米粉水適量、蛋1個、奶油1大匙、香菜末隨意

調味料
鹽、雞粉各適量,黑胡椒粒1/4小匙

做法
1. 牛絞肉放入鍋中炒出香氣,加入水和玉米粒一起煮滾,再加入調味料,用玉米粉水勾芡。
2. 蛋打散加入鍋中,攪動成蛋花狀,熄火前加入奶油,可視個人喜好盛碗後添加香菜提香。

清燉牛肉湯

材料
牛腩1斤半、白蘿蔔1根、薑1段、八角2粒、水8杯、芹菜末少許

調味料
壺底油精2大匙、鹽適量

做法
1. 牛腩切大塊以沸水汆燙洗淨,蘿蔔切塊,薑切厚片,八角洗淨。
2. 全部材料放入鍋中,加水後再加入壺底油精,開火煮至沸騰。
3. 加蓋改小文火煮40分鐘,至牛肉可用筷子刺過。
4. 熄火再泡燜30分鐘,以鹽調味,食用時加熱盛碗,撒上芹菜末提香。

酸菜肉片湯

材　料

酸菜3-4葉、水4杯、小里肌肉1段、地瓜粉1大匙、嫩薑絲1小把

調味料

A. 白芝麻油1大匙、鹽少許、米酒1大匙

B. 雞粉少許、米酒2大匙、白芝麻油1小匙

做　法

1. 酸菜切片，用少許清水浸泡透析鹹味。

2. 小里肌肉切片，以調味料A拌勻，再拌上地瓜粉。

3. 酸菜加水一起煮滾，改中火，肉片投入煮熟，用調味料B調味，再加入嫩薑絲即成。

電鍋燉排骨酥

材　料

帶肉小排骨半斤、蒜仁2粒、蛋1個、地瓜粉1/2杯、冬瓜1圈、熱水8杯、香菜1小把

醃　料

醬油3大匙、五香粉1/4小匙、糖1小匙、白胡椒粉1/4小匙

調味料

鹽1/2小匙

做　法

1. 排骨肉切小塊，蒜仁磨泥，加上醃料和蛋一起拌勻，放入冰箱冷藏醃放半天。

2. 醃好的排骨拌入地瓜粉，入油鍋炸至金黃撈出。

3. 冬瓜去皮去籽切塊，放入電鍋內鍋，加上排骨酥，沖入熱水，調入少許鹽。移入電鍋，外鍋加1杯水燉至跳起，撒上香菜末。

【附錄一】計量換算表

　　阿芳的食譜大多不是以最絕對的重量為標示單位，主要使用**國際標準的量杯及量匙**，目的在於簡化數字和備料的工序，更有利於一般家庭操作。

　　標準量杯是236CC，採取容易使用的容量概念，簡易換算方式如下：

水	水1杯＝236 CC＝236克＝16大匙
油	油脂1杯＝236 CC＝236ml＝227克＝16大匙＝1/2磅＝大塊奶油1/2塊 ＝小條奶油2條
麵粉	高筋麵粉1杯約150克 ＝16大匙 中筋麵粉1杯約150克＝16大匙 低筋麵粉1杯約140克＝16大匙
酵母／發粉	酵母1大匙＝12克＝3小匙（1小匙＝4克） 泡打粉1小匙＝5克 小蘇打粉1小匙＝6克
糖	細砂糖1杯＝220克＝16大匙 白或黃砂糖1杯＝200克＝16大匙
鹽	鹽1小匙＝5克
斤兩	1台斤＝0.6公斤＝16兩，1兩＝37.5公克（阿芳食譜中的斤多指的是台斤）
量匙	1大匙＝1湯匙＝3小（茶）匙＝15cc 1小匙＝1茶匙＝5cc 1/2小匙＝1/2茶匙＝2.5cc 1/4小匙＝1/4茶匙＝1.25cc＝少許 ★ 家中湯匙也是比照量匙容量製作，若無量匙，可以喝湯的湯匙取代大匙，以小號的茶匙取代小匙，咖啡匙視大小就是1/2或1/4茶匙。

【附錄二】 先切再煮的基本功

切菜是料理的前置作業，把食材切成適合且統一的大小，烹煮過程中受熱會更均勻；把辛香料根據搭配的食材切備好，兩者味道會更融合。

辛香料切法

蔥

蔥段

細蔥花

粗蔥花

切蔥段

每段3-4公分，多用於快炒，長度盡量和其他食材一致

切粗蔥花

長度1-1.5公分，主要用於涼拌或醃漬

切蔥花

長度0.2公分，主要用於裝飾增添風味

薑

薑片

薑末

薑絲

切薑片

把薑塊直放，從側邊斜切成薄片，多用於燉煮清蒸

切薑絲

把薑片疊放後細切成絲，多用於快炒

切薑末

把薑絲略壓扁再切成末，多用於調味

蒜

蒜末

蒜片

蒜仁

取蒜仁

用刀略拍蒜頭，外膜破裂後取出，亦可切去頭尾再剝開

切蒜片

將蒜仁切成圓片，料理時可保有蒜頭口感

切蒜末

將蒜仁拍碎再細切成末，可調整粗細

辣椒

辣椒絲

辣椒末

辣椒圈

辣椒片

辣椒斜段

切辣椒片

剖開再切成片，辣椒去籽可降低辣度

切辣椒絲

把辣椒片切成細絲，是清蒸魚的標配

切辣椒末

將辣椒絲疊放再切成細末，多為點綴用途

切辣椒斜段

辣椒直放斜切成段，多用於快炒

切辣椒圈

辣椒直放切成圓圈，多用於涼拌或沾醬配料

蔬菜切法

切段

空心菜、菠菜、芥蘭都可直接切段，炒時可將菜葉和梗分開

切片

高麗菜、大白菜這類結球蔬菜，切片時可先一開四，壓一下再切

切滾刀塊

食材放砧板斜切成角塊狀，順時針轉一下再切，邊切邊轉，切出大小相近的不規則塊狀

切絲

取適當長段切段，再從縱切面切片後切絲

切塊

用刀尾切施力點比較穩，比較安全

去膜

可用鋒利的刀尖處理類似苦瓜的內膜

肉類切法

牛肉

順紋切片× 　　逆紋切片○　　斷筋

牛肉纖維較粗所以要逆紋切，切片後看不出直向順紋理，比較嫩又好嚼

沙朗或板腱這些筋較多的部位可先切斷白色筋膜，口感更加

豬肉

切片

切片的厚薄視料理時間和想要的口感而定

切絲

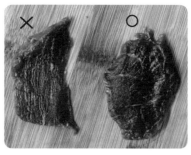

順切紋有口感，逆紋切較軟嫩

雞肉

切丁塊

雞胸肉油脂少且肉質細，快炒時可先取一塊對切，再改刀切丁狀，切薄一點更快熟也不易老

肉面畫刀

雞腿肉厚，在肉的內面畫刀可避免煎煮時半生不熟

【附錄三】
示範影片列表

剝皮辣椒燒蛋

三色蛋

家傳肉燥

小家庭方便爐肉

日式炸豬排

蒜泥五花肉

豆豉蒸排骨

蜜汁叉燒

咖哩牛肉

沙茶炒牛肉

氣炸烤全雞

不油炸獅子頭

使用說明：

為方便查找，將影片連結列表，未免互相干擾，可遮去欲掃描的QRcode四周檔案，讓連結更加快速順暢。

柴把韭菜	開胃拌花生	酸筍空心菜	月見龍鬚菜	南瓜濃湯

香煎虱目魚肚	香煎魠魠魚	古早味五柳枝	醬油糖吳郭魚	白灼透抽

健康版鳳梨蝦球	日式蚵串	燒烤鹽水蝦	魚肚茄綿串燒	蒜蓉鮮菇鯛魚燒

起司魚皮捲	卜卜蛤蜊鍋	鮮蒸牡蠣	洋蔥胡椒蝦	鹽烤台灣鯛

阿芳的家庭料理筆記：
190道餐桌上的變化幸福味

作　　　者／蔡季芳
責 任 編 輯／陳玳妮
版　　　權／黃淑敏

國家圖書館出版品預行編目資料

阿芳的家庭料理筆記：190道餐桌上的變化幸福味
蔡季芳 著
初版. - 臺北市：商周出版：家庭傳媒城邦分公司發行
2021.12 面； 公分
ISBN 978-626-318-051-2（精裝）
1.食譜
427.1　　　　　　　　　　　　　　110017433

行 銷 業 務／周丹蘋、賴正祐
總 　編 　輯／楊如玉
總 　經 　理／彭之琬
事業群總經理／黃淑貞
發 　行 　人／何飛鵬
法 律 顧 問／元禾法律事務所 王子文律師
出　　　版／商周出版
　　　　　　城邦文化事業股份有限公司
　　　　　　台北市中山區民生東路二段141號4樓
　　　　　　電話：（02）2500-7008　傳真：（02）2500-7759
　　　　　　E-mail：bwp.service@cite.com.tw
發　　　行／英屬蓋曼群島商家庭傳媒股份有限公司城邦分公司
　　　　　　台北市中山區民生東路二段141號2樓
　　　　　　書虫客服服務專線：02-25007718．02-25007719
　　　　　　24小時傳真服務：02-25001990．02-25001991
　　　　　　服務時間：週一至週五09:30-12:00．13:30-17:00
　　　　　　郵撥帳號：19863813　戶名：書虫股份有限公司
　　　　　　讀者服務信箱E-mail：service@readingclub.com.tw
　　　　　　歡迎光臨城邦讀書花園　網址：www.cite.com.tw
香 港 發 行 所／城邦（香港）出版集團有限公司
　　　　　　香港灣仔駱克道193號東超商業中心1樓
　　　　　　Email：hkcite@biznetvigator.com
　　　　　　電話：（852）25086231　傳真：（852）25789337
馬 新 發 行 所／城邦（馬新）出版集團 Cite（M）Sdn. Bhd.
　　　　　　41, Jalan Radin Anum, Bandar Baru Sri Petaling,
　　　　　　57000 Kuala Lumpur, Malaysia
　　　　　　電話：（603）90578822　傳真：（603）90576622

封 面 設 計／李東記
封 面 攝 影／謝文創攝影工作室
攝　　　影／蔡季芳、劉黃守
內 文 繪 圖／劉芷辰
製 作 協 力／陳宜萍、劉芷辰
排　　　版／張瀅渝
印　　　刷／高典印刷有限公司
總 　經 　銷／聯合發行股份有限公司
　　　　　　電話：（02）2917-8022　傳真：（02）2911-0053
　　　　　　地址：新北市231新店區寶橋路235巷6弄6號2樓

2021年12月09日初版　Printed in Taiwan
2022年3月31日初版9刷
□定價／360元

城邦讀書花園
www.cite.com.tw